SIMPLEST
DATA MINING 最简数据挖掘

▶▶▶▶ 周涛 袁飞 庄旭 编著

电子工业出版社
Publishing House of Electronics Industry
北京·BEIJING

内 容 简 介

本书是数据挖掘精髓的浓缩。第 1 章用通俗易懂的语言回答五个基本问题,包括什么是数据,什么是大数据,什么是数据挖掘,以及数据挖掘能挖掘出哪些东西和会产生什么价值。然后用 6 章的篇幅介绍 k-均值、k-近邻、朴素贝叶斯、决策树、回归分析和关联规则挖掘等 6 种方法。第 8 章介绍一些实际的应用,演示简单的数据挖掘方法如何产生巨大的价值。

本书可供高校的数据科学与大数据、智能科学与技术、人工智能、计算机科学与技术和统计类、应用数学等相关专业的学生作为教材使用,也可供高校的商科大数据、金融等专业的学生、优秀的中学生、科技企业的管理者和相关行业的投资人学习参考。

未经许可,不得以任何方式复制或抄袭本书之部分或全部内容。
版权所有,侵权必究。

图书在版编目(CIP)数据

最简数据挖掘 / 周涛,袁飞,庄旭编著. —北京:电子工业出版社,2020.3
ISBN 978-7-121-35963-7

Ⅰ. ① 最… Ⅱ. ① 周… ② 袁… ③ 庄… Ⅲ. ① 数据采集 Ⅳ. ① TP274

中国版本图书馆 CIP 数据核字(2019)第 015362 号

责任编辑:章海涛
印　　刷:北京市大天乐投资管理有限公司
装　　订:北京市大天乐投资管理有限公司
出版发行:电子工业出版社
　　　　　北京市海淀区万寿路 173 信箱　邮编:100036
开　　本:787×1092　1/16　印张:8.5　字数:150 千字
版　　次:2020 年 3 月第 1 版
印　　次:2020 年 9 月第 2 次印刷
定　　价:42.00 元

凡所购买电子工业出版社图书有缺损问题,请向购买书店调换。若书店售缺,请与本社发行部联系,联系及邮购电话:(010)88254888,88258888。

质量投诉请发邮件至 zlts@phei.com.cn,盗版侵权举报请发邮件至 dbqq@phei.com.cn。
本书咨询联系方式:192910558(QQ 群)。

前 言
Preface

在计算机领域，新的概念层出不穷：互联网、物联网、移动互联网、云计算、大数据、人工智能……可谓是前浪才上滩头，后浪已汹涌而至。计算机科学与工程领域的研究人员似乎组成了一个智力上的游牧民族。当云计算如日中天的时候，研究人员千方百计和云拉扯上关系，恨不得学生寝室里私拉网线结伙打游戏都要名为"私有云部署"。然而好景不长，大数据又冒出来了，于是乎，云计算的专家又摇身变为资深的数据科学家。各个行业和地方学会的云计算和大数据的专家，竟然一半以上是重复的！前两年，随着AlphaGo战胜李世石和柯洁，人工智能一下子成了专家、学者、政府官员、企业家、投资人津津乐道的未来，各处的人工智能学会、协会、联盟又如雨后春笋一般冒出来。

那么，如何选择人工智能学会的专家，或者人工智能联盟的代表性企业呢？以选择专家为例，下面我们给出一个简单的算法：记 S_c 为云计算的专家集合，S_d 为大数据的专家集合，那么 S_c 和 S_d 交集中的所有专家都可以邀请为人工智能的专家。一般而言，这个数目还不足够，那就在剩余的专家（S_c 和 S_d 的并集减去 S_c 和 S_d 的交集）中随机选择一些。选人、选企业都可以按照这种算法，厉害吧？

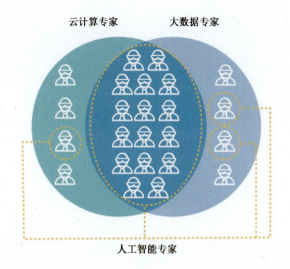

图 1 从云计算和大数据专家中选取人工智能专家的算法示意

该算法同样适用于从云计算和大数据产业联盟中生成人工智能产业联盟。

与游牧的计算机科学家相比,数学家和物理学家生活在刀耕火种中,每一块耕作过的土地都是确定的,上面长满了庄稼。特别重要的问题——如黎曼猜想之于数学,质子是否衰变之于物理——是所有人公认的,并且可能持续几十年、几百年吸引几代科学家为之奋斗。

显然,一个新兴数学分支的专家集合是不能用图 1 所示的算法生成的。

那么,游牧就一定不好吗?我们认为不是!看看计算机科学和技术的发展给我们的社会、经济和生活带来了多少翻天覆地的变化,我们就不得不佩服这些循草而居的浪漫骑士们。所以,智力上的游牧民族既有逐利的一面,也有开拓的一面。

如同亘古长存的数学定理和物理规律,游牧的计算机学者们到底有没有给人类的智力世界留下些不变的东西呢?不仅有,而且很多、很美!这本书就是描述计算机学者尤其是数据科学家在开疆拓土的生涯中留给这个世界的瑰宝!

要想成为一个优秀的数据科学家或者数据工程师,是件很不容易的事情。数据库、数据挖掘、统计理论与方法、机器学习、数据安全、分布式计算、数据可视化……可以列出几十门课程。不仅课要上好,还需要通过长期深入的科学研究或商业应用,积累实践的经验。

那么,为什么我们首先要选择数据挖掘这个问题呢?这是因为数据挖掘在整个大数据的学科体系中处于中心位置！数据挖掘的算法可以看成机器学习中的单模型，机器学习又是人工智能中重要甚至主要的方法，数据挖掘还是很多可视化算法的基础。同时，如果不能理解数据挖掘方面的应用需求，很多数据库的功能设计是让人摸不着头脑的。

本书是数据挖掘精髓的浓缩。第 1 章用通俗易懂的语言回答五个基本问题，包括什么是数据，什么是大数据，什么是数据挖掘，以及数据挖掘能挖掘出哪些东西和会产生什么价值。然后，我们将连续用 6 章的篇幅，为大家介绍 k-均值、k-近邻、朴素贝叶斯、回归分析、决策树和关联规则挖掘。显然，这 6 种方法并不是数据挖掘的全部，例如我们没有介绍神经网络、支持向量机等。但是我们认为，这 6 种方法非常简捷、优美、实用，如果掌握了，数据挖掘的理念和思想就基本贯通了，以后要再深入自学新的内容也会非常容易。最后一章会介绍一些实际的应用，让大家看看简单的数据挖掘方法如何产生巨大的价值。

我们为这本书冠以"最简数据挖掘"的名字有三个原因。一是因为最近"最简/极简 XXX"之类的书都卖得不错，我考虑起个好名字也许能多卖几本。二是因为我们介绍的方法都是数据挖掘中最简单的——不是说回归分析、决策树就比神经网络、支持向量机简单，因为回归分析也可以非常难，而是说我们介绍的方法在回归分析这个大类中也是最基础、最简单的。三是因为我们所选择的内容范围已经是数据挖掘方向初窥门道的最小范围了，如果去掉其中一两个任意内容，就不完整了。尽管相比通行的教材，本书介绍的内容比较少，涉及的算法比较简单，但不代表它的理念要弱于通行的教材，实际上很多地方还要胜出，特别是对于这些方法中深刻思想的剖析和目前前沿应用场景的分析。

本书还有一个特点，就是花上一两天时间，不用复杂的演算，就能够读完。仔细阅读一本比砖头还厚的教材，与安静地花一两天时间认真读本书相比，再过一两年脑子里面剩下的东西，孰多孰少，还真不好说。

这本书适合什么样的读者呢？我们认为主要有三类人群。

一是非计算机专业的成年人和计算机专业本科低年级学生

这部分人群具有相当的逻辑水平，但是还没有系统学习过数据挖掘、数据分析或机器学习这类课程。如果读者恰好对计算机科学特别是大数据、人工智能等感兴趣，那么本书可以成为一本很好的入门书。

二是优秀的中学生

实际上，我们把握本书的叙述难度是按照优秀中学生能够理解90%作为标准的。一个优秀的中学生，特别是参加过数学、物理或信息科学竞赛的，稍微努努力，应该能够完全理解本书。现在很多学生，中学考试成绩还可以，但是进到大学就"疲软"了，后续发展没有力量，主要是被重复和容易给宠坏了。有点追求的中学生，在中学教材之外，读读这样的书，才能知道如何用全局的眼光看问题，知道怎样把握一个学科宏观的图景。笔者多次在不同场合告诫中学生，读中学的时候，至少在高中阶段，要学一些微积分，在读大学前的那个没有压力的暑假（更早更好），至少要看一下柯朗的《什么是数学》和费曼的物理学讲义。不然进到大学后，看问题还是中学的眼光。

三是科技企业的管理者和相关行业的投资人

很多企业高管和投资人，不妨称之为"商业成功人士"吧，原来也是懂方法、懂技术的，但是吃大席、喝大酒、谈大事多了，不仅身体越来越胖，大脑的密度似乎也下降了，一些基本的逻辑能力都还给老师了。读一些有深度的书，就好像游泳、跑步有利于摆脱亚健康一样，可以看成恢复智力的一种有效手段，特别适合于现在广泛处于"亚聪明"状态的"商业成功人士"。参加几个行业会议，读一本白皮书，看几份PPT……这样掌握的新方向必然肤浅。了解一个方向基本的方法论至少可以用来判断一件事情是否可行，一条道路有没有可能通往成功，一种方法是否有大幅度提高的空间，等等。

世界上有很多极美的事物，光靠文字是表现不出来的，必须要用点公式。本书的公式和算法都非常简单，也非常优美。希望本书，对于青少年而言，是一扇进入高等学府的大门；对于成年人而言，是一间静心求美的禅室，能够唤醒大家久违的记忆。

周　涛

目　录
Contents

001 | 第1章 概　述

1.1　什么是数据　/　002

1.2　什么是大数据　/　005

1.3　什么是数据挖掘　/　008

1.4　能挖掘出什么　/　011

1.5　会产生什么价值　/　013

016 | 第2章 k-均值

2.1　基本算法　/　018

2.2　k-均值示例　/　021

2.3　k-均值算法的局限性　/　027

练习赛　/　030

031 | 第 3 章
k-近邻

3.1　k-近邻基本算法　/　033

3.2　评价分类效果的常见指标　/　035

3.3　影响算法精确度的若干问题　/　037

3.4　k-近邻算法示例　/040

练习赛　/　045

046 | 第 4 章
朴素贝叶斯

4.1　贝叶斯定理　/　047

4.2　贝叶斯基本算法　/　051

4.3　贝叶斯算法案例　/　053

4.4　处理连续特征　/　057

练习赛　/　058

059 | 第 5 章
回归

5.1　线性回归的最简示例　/　061

5.2　线性回归的一般形式　/　066

5.3　逻辑回归的最简示例　/　068

5.4　逻辑回归的一般形式　/　073

5.5　小结和讨论　/　075

练习赛　/　077

078 | 第 6 章
决策树

6.1 构建决策树 / 079

6.2 经典决策树：ID3、C4.5 和 CART / 082

6.3 连续值、缺失值和剪枝 / 087

6.4 小结和讨论 / 093

练习赛 / 096

097 | 第 7 章
关联规则挖掘

7.1 基本算法思想 / 099

7.2 Apriori 算法示例 / 101

7.3 小结和讨论 / 106

练习赛 / 107

108 | 第 8 章
数据挖掘应用创新案例

8.1 提升生产制造过程的良品率 / 109

8.2 刻画全球化对碳排放的影响 / 112

8.3 捕捉电商评论中的用户情感 / 114

8.4 实时发现微博中的热点事件 / 117

120 | 推荐阅读材料

第1章 概 述

什么是数据

什么是大数据

什么是数据挖掘

能挖掘出什么

会产生什么价值

"数据""大数据",甚至"数据挖掘",对我们而言,都不是陌生的词语,在各种畅销书和媒体中频频亮相。但是这几个概念的内涵到底是什么,数据挖掘到底能做什么,恐怕不是每位读者都能说得清楚。在正式学习数据挖掘算法之前,我们准备通过五个问题给读者勾勒出数据挖掘的图景。需要说明的是,我们只能勉强来一幅"泼墨山水",而不能给出"工笔花鸟",这是因为相关学科还在快速发展中,而且很多问题并没有一个标准的答案。

1.1 什么是数据

对于"数据"这个概念,百度百科的定义如下:

"数据是事实或观察的结果,是对客观事物的逻辑归纳,是用于表示客观事物的未经加工的原始素材。"

这句话本身就是自相矛盾的,又要逻辑归纳,又是未经加工!例如,中国所有大型农贸交易中,草鱼每天早上的批发价格和零售价格的时间序列肯定是数据,而且是很有价值的数据;如果以这些数据为基础,计算出每个城市每天早上草鱼的价格的平均值,按照我们通常的理解,也是很有价值的数据。实际上,绝大部分政务数据和互联网数据都是经过加工之后得到的。

所以,我们认为,数据就是**可定量分析的记录**,至于是否经过加工,有多么原始,都无关紧要。从目前通常的认识来看,数据可以分为两大类:一类是存储在计算机中的一切东西,包括数据表或者电影、音乐、图像、软件、日志记录等,这些都是数据,只不过有些用得更多,更容易处理罢了;还有一类是还没有存储到计算机中的数字化(量化)信息,如我们经常记在本子上的实验数据——这方面最有名的例子是第谷·布拉赫20多年的天文观测记录。当然,现在这些纸上的数据多半很快也会被输入到计算机中。

所以,你自己的一幅手绘漫画如果扫描到计算机中,就是数据(如果有足够多的你的画,未来更聪明的计算机也许能够分析出你的心理问题),但在没有扫描前,一般认为这不是数据。但如果你记录了一棵竹子从破土开始连续60天生长的情况(株高),那么不管是放在计算机中还是写在一张纸上,这都是数据。因为这些记录都可以定量化进行分析。这种定义的方法看起来比较蹩脚,实际上这正是大部分人对于数据是什么的朴素的看法。

图1-1给出了信息、数据、知识和价值之间的关系,从数据到知识的过程就是数据挖掘。

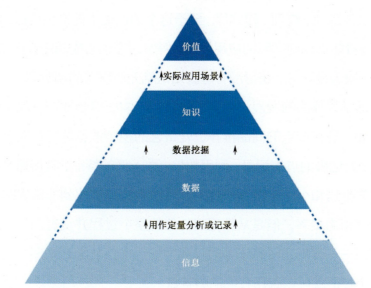

图1-1 信息、数据、知识和价值之间的关系:一部分信息可以成为数据,通过数据挖掘,我们能从数据中得到知识,然后应用这些知识产生价值

大家的直观印象或许是这样的，数据包含了很多没有太大价值的杂乱内容，要通过分析和挖掘才能得到有用的信息，所以"信息"概念的范围要比"数据"小。但在本书中，"信息"泛指一切我们可以感知和传播的内容，是包含"数据"的。举个例子，你傍晚一个人从校园人工湖边走过，看到路边一个美丽清纯的异性向你微微一笑，让你心神摇曳。这一颦一笑都是信息，你成功接收到了，解读为那个异性对你有感觉，于是你心里很激动，并且决定前去搭讪。尽管这笑意是信息，能够发送、传播和接收，并且影响你，但是这无论如何谈不上是数据，因为这既不是一个定量化的内容，也没有被记录在计算机或者你的小本本中等待进一步定量化的分析。在现实世界里，绝大部分的信息没有变成数据，而"大数据时代"的根本就是数据化，把越来越大比例的信息变成数据。

有了数据，通过数据挖掘的办法就可以得到知识。例如，基于淘宝上的商品数据（部分商品销售量和价格的数据可以从公开的网页中合法获得，这也是很多研究人员获得数据的重要途径），利用后面将介绍的数据挖掘算法，可以分析成都市30~40岁白领喜欢用什么品牌、什么功能的化妆品，还可以自动描摹今季最流行服装的颜色、纹理、样式等。至于这个知识能不能产生价值，能产生多大价值，还要看能否找到实际的应用场景。例如，把得到的知识用于精准广告、个性化推荐、服装设计等，获得没有这些知识就无法获得的超额利润。当然，随着大规模机器学习算法的发展，很多时候我们不需要得到知识，就可以直接产生价值。比如，现在淘宝的商品推荐、爱奇艺的视频推荐等互联网企业应用场景，都是基于万亿级的点击记录，利用数亿、数十亿的特征，直接通过在线学习进行精准广告推送和个性化推荐实现的。这些方法能够得到非常好的效果，大幅提高点击率和购买率，但是从数据到价值的整个过程并没有产生人的大脑能够理解的知识——我们还没有能力通过观察一亿个特征学到知识。实际上，十几、二十几个特征就可以碾压我们的脑容量。

本书的重点是讲如何从数据中获得知识，只是在本章的最后一节和全书的最后一章简要介绍这些知识能够产生哪些重大价值。

1.2 什么是大数据

我们还是从百度百科开始,它给出的"大数据"定义如下:

"大数据,是指无法在一定时间范围内用常规软件工具进行捕捉、管理和处理的数据集合,是需要新处理模式才能具有更强的决策力、洞察发现力和流程优化能力的海量、高增长率和多样化的信息资产。"

这个定义已经捕捉到了大数据的很多重要特征,并且把数据提高到了信息资产的程度,我们认为已经是很不错的定义了。各位读者,对于新概念,我们要宽容,因为一般而言不会有绝对正确和公认的定义。如果硬要"鸡蛋里挑骨头",这个定义有两点不足。

一是太过强调海量数据带来的技术挑战,实际上之所以大家重视大数据,是看到了其中的巨大价值而不仅是挑战。世界上有挑战的事情很多,比完成一个大数据创新应用更难,为什么它们没有成为国家战略呢?因为价值尚不明确。

二是定义中有些概念也不明确,比如何谓"一定时间范围内",何谓"常规软件工具"?事实上,很多非常典型的大数据应用也不是必然会处理巨大量的数据,或者用到海量的软件和计算资源。关键还是对于数据价值的认识和数据分析的方法发生了重大的进步。

尽管大数据(Big Data)这个说法可以追溯到几十年前,但是真正系统性阐述大数据的概念并提供了大数据发展第一推动力的,应该是IBM。

IBM用4个V描摹了大数据的特征,分别是Volume(大量)、Velocity(高速)、Variety(多样)和Value(低价值密度)。简而言之,大数据就是数据的量很大，数据产生的速度快，并且需要及时、高效的处理，数据的形态多样，数据中蕴含价值但是价值密度很低。对于互联网上涉及的图片和视频数据需要实时响应的业务，这是一个非常恰如其分的描述。但在其他情境下，4V也不一定都要具备。例如，有些典型的科学大数据（如射电望远镜和粒子对撞机产生的数据）产生速度很快，但是并不需要实时反应，一些重大成果是在获得数据后很多年才得到的。又如，视频数据价值密度很低，但是表格类的数据价值密度却很高，文本数据一般介于其间，所以价值密度是高是低要看数据的形态，有时还要看应用的场景。

总体而言，4V是能够较好地描述大数据特征的，但是我们如果用这个标准去判断某种应用算不算典型的大数据应用，往往要犯错误。

现在我们走到了所谓的"大数据时代"的门口，主要源于三大趋势。

第一个趋势是数据总量爆炸性的增长

淘宝上有十多亿单品，互联网上存在着数万亿网页。借助无处不在的传感器、智能终端和互联网产品，以及越来越庞大的科研设施，我们每天产生的数据量还在以指数级方式不断增长。截至2018年年底，全世界数据存储的总量大约是20 ZB，也就是2000万PB，这个数字再过七八年还会翻10倍，达到200 ZB。

所以，大数据时代第一个重大的挑战就是日益增长的数据总量和我们普通人分辨甄别数据能力之间的矛盾，我们把它形象地称为数据过载或者信息过载。如何利用优质的数据和先进的算法克服数据过载的问题，帮助用户找到所需要、所喜欢的内容，就是大数据时代的第一个挑战。

第二个趋势是数据的组织形态发生了变化

以前我们接触的绝大多数数据是结构化的，说白了就是一张张的二维表格（能够用Excel打开的内容），简单且容易分析。但是现在新增数据的绝大部分变成了非结构化的数据，如语音、图像、视频、社交关系网络、空间移动轨迹等。

这些数据的数据量非常大,其中蕴藏着巨大的价值。但与结构化的数据不一样,我们没有一系列普适的算法去挖掘这个价值,这就带来了大数据时代的第二个挑战——如何挖掘非结构化数据中的价值,甚至把它转化为结构化的数据。

第三个趋势是数据的关联形态发生了变化

以前我们也有很多数据,如淘宝中有我们电商购物的记录,新浪微博知道我们关注的朋友和感兴趣的话题,医院知道我们得了什么病。这些数据在相关部门中的价值都非常大,但是数据与数据之间难以融会贯通,就像一个个数据孤岛。所以,我们没有办法知道在淘宝上买了这些东西的某甲,就是在微博上关注了那些人的某甲,更不知道他得了什么病、犯了什么罪。但现在不一样了,我们通过一些商业模式、技术手段,以及资本、产品和政策,可以打通不同领域的数据,让不同平台、不同维度的数据围绕同一个人、同一家企业、同一部手机、同一个位置等关联起来。所以,怎样在安全隐私可控的情况下,使这些跨领域关联的数据产生1+1≫2的价值。这是大数据时代的第三个挑战。

这三大趋势也可以理解为相对传统数据分析和商务智能所处理的数据,现在大数据处理对象的三个主要的特征。如果要从理念的角度来看,作者非常认同牛津大学互联网研究所 Mayer-Schonberger 教授的定义[1]。他认为,"大数据所代表的是当今社会所独有的一种新型的能力——以一种前所未有的方式,通过对海量数据进行分析,获得有巨大价值的产品和服务,或深刻的洞见"。进一步,作者认为大家对于大数据的期望还不止于此,应该是完全超越技术范围的变革,因此曾经给出过一个如下定义[2]:

"大数据是基于多源异构、跨域关联的海量数据分析所产生的决策流程、商业模式、科学范式、生活方式和观念形态上的颠覆性变化的总和。"

还是那句话,对于一个新兴的概念,我们要保持足够的宽容。以上这些定义,很难说哪个是绝对正确或者完美的,但是它们都描绘了大数据一些重要的特征、趋势和理念,把这些内容拼接在一起,对于大数据的基本轮廓,大家应该有一些初步的了解，这也就足够了。等我们看完这本书，相信对于什么是大数据，会有更深刻的理解。

1.3 什么是数据挖掘

在科学和工程研究中，一个重要的准则就是"第一性原理"（First Principle），也就是说，从一些基本的数学定理、物理规律、普适常数和实验数据出发，进行计算和推导，直到得到结论。物理学家对第一性原理的理解一般比工程学还严格，特指不使用经验参数，只用电子质量、光速、质子中子质量等少量重要常数（实验获得），利用量子力学的基本原理进行计算。考虑一个基于第一性原理的模型，如果想知道某辆汽车从启动到速度稳定行驶的距离，那么你会先统计从启动到稳定耗费的时间、稳定后的速度、加速度等参数，然后运用经典力学定律建立模型，最后根据汽车多次测试的结果列出方程组，从而计算出模型的各参数。通过该过程，你就相当于学习到了一个知识：某辆汽车从启动到速度稳定行驶的具体模型。此后，在该模型中输入汽车的启动参数，便可自动计算出汽车达到稳定速度前行驶的距离。如果汽车的情况也可以用若干参数来刻画并被纳入第一性原理的模型中，那么以后遇到其他汽车，也只需要输入一些参数，就能直接得到从启动到速度稳定行驶的距离，而不需要进行实际测量。

上面这个分析建模过程中会用到一些实验数据，但不是一个数据挖掘的过程。一般而言，汽车和路况比较复杂，没有办法得到完全精确的模型，但是它毕竟是一个较简单的机械系统，整体上属于第一性原理有可能给出解释的对象。下面我们考虑去预测一个人跑 100 米要多长时间，这个问题就复杂了，因为要理解一个人身体的状态比汽车困难多了——他的肌肉、关节和运动协调过程组成了一个复杂多变的系统。如果从头进行计算，那么所需要的参数和方程简直是恒河星数。但是，如果我们记录下了 100 辆型号性能相似的汽车多次从启动到速度稳定行驶的距离，以及 100 个类似体型和身体状况的人多次跑 100 米所用的时间，我们可以得到一些经验的公式（这类公式来源于数据的拟合，如身高每高 1 cm，跑 100 米所用的时间短 0.015 s），这些公式是绝无可能从牛顿定律推出的，但是可以以相当的精确度进行预测。这其实简化了一直以来人们探索事物的一般方法，在庞大的数据库中，我们或许不需要了解数据背后复杂的本质，也可以得到一些经验知识（如身高与跑步时间之间的经验关系）和相对精确的预测结果。这个过程就是典型的数据挖掘。

第一性原理模型和数据挖掘是两种不同的方法论，但两者之间不仅不矛盾，还能够互相帮助。如果我们对一个系统的原理理解深刻，就能指导我们去有针对性地记录和分析数据。譬如，我们了解了腿长对于跑步的重要性，就可以在人体参数表中添加这部分并且作为回归分析中的一个特征量，而如果我们没有任何对原理和机制的认识（哪怕不是第一性原理），就没有任何理由支持我们去采集和分析腿的长度而不是腋毛或腿毛的长度！

反过来看，也许各位读者会深感意外，数据挖掘也可能帮我们找到一些原理和机制。康奈尔大学 Michael Schmidt 和 Hod Lipson 于 2009 年在《科学》上发表了一个有趣的研究[3]，他们从实验数据出发，反向挖掘出物理公式，对于单摆、双摆、弹簧振子等经典系统，从数据中得到的公式与第一性原理得到的公式完全一致，而计算机并不需要知道牛顿力学。随着算法和计算能力的提高，我们有望从更复杂的数据中挖掘中一些未知的规律，或者至少为最终找到关键机制提供线索。

简而言之，数据挖掘是从数据中发现知识的过程。从河沙中淘出金沙，再淬炼出黄金，我们称其为"淘金"而不是"淘沙"，所以"数据挖掘"更恰当的名称应该是"知识挖掘"，不过因为前者用习惯了，知识挖掘这个说法反而越来越少了。

最早对于这个领域正式的称谓可以追溯到 1989 年，当时 Gregory Piatetsky-Shapiro 博士首先使用了"知识发现"（Knowledge Discovery in Database，KDD）词汇，后来 ACM（Association for Computing Machinery，国际计算机学会）在推出相应的旗舰国际会议 ACM SIGKDD 的时候，改名为"知识发现与数据挖掘"（Knowledge Discovery and Data Mining，依然是 KDD），而电气和电子工程师协会相应的旗舰会议 ICDM 就直接用 Data Mining 冠名。ACM 相应的旗舰杂志 ACM TKDD 用的是 Knowledge Discovery from Data，不再强调数据库，而是强调数据本身——这是对的，因为关键是从数据中发现知识，至于是不是放在某特定的数据库中，显然并不重要。IEEE 的旗舰杂志 IEEE TKDE 则将该方向命名为 Knowledge and Data Engineering。这些名字各有细微差异，但我们都可以理解为数据挖掘。读者注意，这段文字不是为了辩名，而是为了介绍国际上数据挖掘最重要的两个会议和两本杂志，在上面读者可以找到数据挖掘的前沿进展。

如果能够很好地运用数据挖掘的理念和方法，我们就能从数据中得到重要的知识，再利用这些知识获得价值。如图 1-2 所示，数据是蕴含巨大价值的矿藏，数据挖掘就像挖矿的先进工具，能够帮助我们沙中取金。

反过来，采集和存储数据要消耗大量的成本，如果数据只是安安静静地存在那里，不进行挖掘和分析，或者没有采用正确的方法进行挖掘和分析，那么这些昂贵的数据存储设备就只是数据的坟墓而已。例如，阿里、腾讯和百度在安全隐私可控的前提下，应用海量用户的数据，在增加用户电子商务购买数量、提升用户游戏体验、提高搜索中广告推荐的点击率等方面都获得了巨大的价值，成为了让全世界尊重的创新企业。与之相比，有些运营商比互联网企业起步更早、资源更好、数据更丰富，但是缺乏数据挖掘的理念和方法，前两年它们数据"坟头的野草"都长起来几米高了。与此同时，我们也注意到，互联网公司为了广告收入，在错误地应用数据和挥霍用户的信任，运营商设立了大数据创新的部门，有的还成立了专门的大数据公司。未来谁在掘金，谁死荒野，还真不好说——只能祝愿各家各户都能做得比以前更好！

图 1-2　擅长运用数据挖掘的理念和方法，就能沙中取金，从数据中得到价值，否则数据只会成为沉默的成本

对于数据挖掘技术和应用而言，一切关于安全和隐私的担忧都是不必要的，因为数据挖掘不是数据贩卖，高手们不需要任何隐私信息就能获得行业关键知识。如果用户的隐私受到侵害，责任方应该是采集和管理用户数据的团队，而不在数据挖掘技术本身。我们希望，运营商、银行、医疗机构和政府职能部门有一天能够破土而出，不辜负手上数据的潜力。

1.4　能挖掘出什么

从数据中能够挖掘的模式和规律很多，我们着重讲述需要特别关注的四种模式。

第一是发现数据项之间的相关关系

例如,我们从公开渠道中获得了各城市的环境、人口、交通等数据,就可以通过相关性分析,分析人均汽车保有量与空气质量的各指标之间的关系,从而帮助有关部门制订产业经济和环保政策,如是否进行更严厉的限购,是否收取更重的尾气排放税,等等。

一家大型的连锁超市则可以通过挖掘用户的购买记录,分析哪些商品会频繁被消费者在一次购物中同时购买,从而优化商品的摆放位置,刺激消费者增加购买。

第二是将数据对象聚成不同的类别

每个对象(如手机用户)都有一组数据来描述他。如果我们能够获得大量对象的数据,那么原则上可以把数据对象分成若干组,每组的对象之间更加接近(接近、相似、相像在这里都表示"差不多"的意思,本书后面会详细介绍)。这就是典型的聚类分析,不需要我们预先知道某种外在于数据本身的类别信息。在通常的机器学习教材中,这类问题被称为"无监督的学习"。比如,我们可以根据手机用户每个月平均语音时长、网络流量和付费订阅总费用这三个维度的数据,把用户聚成若干类别,并且根据聚类的结果来设计套餐。

第三是将数据对象分成不同的类别

分类是与聚类相似但不同的问题。分类也是把数据对象分成若干类别,但是分类问题的前提是已经知道所有的类别和部分数据对象属于哪个类别,然后根据这个信息,给出一套分类的规则,从而可以给未知类别的数据对象或者将来新产生的数据对象标上类别。比如,常见的色素性皮肤病有几十类(雀斑、色素痣、贫血痣、黄褐斑、白癜风等),如果用皮肤镜给病变皮肤拍一张图像,现在已经有10万个病人的图像,其中6万个有明确的诊断结果,也就是已知疾病类别。然后我们要基于图像,利用数据挖掘或者机器学习的算法,让计算机能够自动给剩下的 4 万个病人诊断。这就是一个典型的分类问题。分类问题在机器学习教材中通常被称为"有监督的学习"。

第四是预测缺失数据或未来的数据

在很多重要的数据集中，数据只是全部数据的一小部分，如我们通过试验获得了很多人类基因与基因之间的相互作用关系，但是估计已知的部分比未知部分要小一两个数量级。于是，一个重要的问题就是如何从已经观察到的试验数据出发，去预测缺失的数据，从而指导更高效准确的试验。另一类问题是预测未来的变化趋势和结果，如预测股票的价值、河流的径流量、城市的用电量等，还包括预测人的行为（会不会参加某项活动，会不会购买某件商品，等等），以及基于人的综合行为预测结果（借了钱会不会赖账，本学期考试会不会有不及格的科目，等等）。预测问题可以很简单，但大部分实用的场景都比较复杂，往往是数据挖掘多种方法的综合。

当然，数据挖掘的能耐不仅于此，还可以用于检测异常、发现因果关系甚至与人博弈——在 AlphaGo 战胜李世石的算法中，数据挖掘也做了相当的贡献[4]。由于本书只是介绍数据挖掘最简单和最核心的部分，因此大部分场景都是围绕上面四种模型，我们介绍的方法也是针对这些场景的最简单、基础的方法。读者如果有兴趣，可以通过进一步阅读推荐材料来了解更多场景和更高级的算法。

1.5 会产生什么价值

在我们生活的这个时代，数据挖掘已经深入到了工作、生活和学习的方方面面。下面简单介绍几个方面，更翔实的案例会在本书的第 8 章中展开。

支撑决策

数据挖掘能够帮助决策部门找出影响经济发展和环境质量的关键因素，帮助决策部门提前预知风险并做出正确判断。数据挖掘也可以帮助个人做出决策，如一些房地产大数据的创新企业可以提供对于特定地段楼盘和房型的房价未来走势的预测，这对于希望房产升值的用户而言是关键的。William Poundstone 说，德国国家队守门员 Jens Lehmann 的袜子里藏着提示条，上面写着对方最可能罚点球的球员以前点球记录中向左踢、向右踢和向中间踢的比例，这个提示条可以帮助他决定向哪个方向扑救点球[5]。

优化生产

在很多生产线上，一个初级的产品甚至原料要经过十几甚至几十道工序，上百次加工处理，才能变成成品。很多智慧工厂的绝大部分加工处理的数据都有记录，包括电流、压力、振动、噪声、图像、时间等，结合产品测试的结果，如哪些是优品、哪些是良品、哪些是不合格品，就可以找到决定产品质量的关键环节，从而进行有针对性的生产线优化。对于有些长流程的连续生产线，好的算法可以在产品没有到达测试环节就准确判断出这已经不可能合格了，那么后面的大量加工就可以节省下来，从而降低成本。

提高销量

本章 1.4 节中已经举了一个简单的例子，就是通过分析用户的购买记录，找到频繁出现的商品，然后考虑把这些商品摆放在超市中临近的位置。随着电子商务的快速发展，现在我们可以做到的远不止此。实际上，利用数据挖掘，我们能够为用户推荐可能感兴趣的商品，而且可以做到给每个人的推荐都不一样，每个人登录同一个电商网站所看到的内容也不一样。这些技术可以大幅提高销量！

改善生活

通过分析海量体检指标和病历，我们可以发现指标或指标组合的异常，以及这些异常对应的危险，从而提供有针对性的健康管理方案。可穿戴设备采集的实时身体状态数据，不仅能够给出更准确的关于健康程度的评估，还能提前预警一些可能的重大心血管疾病，提高人们抗风险的能力。通过对交通状况的分析，我们可以判断拥堵的严重程度，预测接下来的拥堵地段，并通过导航来避开拥堵。在医疗健康、交通出行、文化旅游、食品安全等方面，数据挖掘都能找到重大应用并实质性地改善我们的生活。

当然，数据挖掘的价值远远不局限于此。实际上，通过数据挖掘，我们的教育水平和教育效果能够得到大幅度提高，聪明的人还能够通过预测股价和期货价格获取巨大的经济回报，很多学者搜寻最新科学论文的时候，也在接收基于数据挖掘的文献推荐。尽管数据挖掘已经产生了巨大的社会经济价值，但比起它能够产生的价值而言，是微乎其微的。我们要利用数据挖掘实现不可估量的巨大价值，既需要充分掌握数据挖掘这一看似简单其实内涵丰富的工具，还需要教育整个市场，让大家产生数据挖掘的需求并形成尊重数据、让数据说话的风气。

路漫漫其修远兮，让我们共同探索前行！

第 2 章　*k*-均值

基本算法

k-均值示例

k-均值算法的局限性

第 2 章　k-均值

　　k-均值是最广为人知的用于聚类分析的方法,也是数据挖掘发展史上最成功的算法之一。在通常的教科书和文献中,它是以英文名字 k-means 出现的,老一辈的计算机学者往往称其为 Lloyd 算法或者 Lloyd-Forgy 算法——为了纪念提出 k-均值算法的科学家[6][7]。

　　因为 k-均值是处理聚类问题的,所以我们先在 1.4 节的基础上,把聚类问题是什么说得更清楚一些。

　　假设有 N 个对象,不妨记为 $x_1, x_2, \cdots, x_N$,每个对象用 d 个特征(维度)来描述。正如第 1 章所举的例子,要做聚类分析的可能是运营商,对象就是手机的用户,特征有 3 个($d=3$),分别是手机用户每个月平均语音时长、网络流量和付费订阅总费用。运营商的目的是,分析用户使用手机的行为是否与他们设计的套餐相匹配,是否自行聚集成若干有代表性的簇,有没有更好的套餐方案等。

　　当然,真实的情况要更复杂,数据的维度 d 一般远大于 3。考虑最简单也是最常见的一种情况,就是这 d 维数据的每个维度都可以用一个实数来表示,所以我们可以直接认为 $x_i \in R^d (i=1,2,\cdots,N)$ 是一个定义在实数域上的 d 维向量。

　　例如,用户 i 每月打了 12345 s 电话,用了 788.93 MB 流量,付费订阅花了 12.50 元,那么这个用户可以表示为三维实空间中的一个数据点

$$x_i = (12345, 788.93, 12.5) \quad (i=1, 2, \cdots, N)$$

　　聚类算法就是将上面 N 个对象划分成多个簇(或称多个组、多个类等),使

得每个对象在且仅在一个簇中，并且每个簇的内部对象之间具有很高的相似性，但与其他簇中的对象很不相似。

这里，相似性的定义不同，评价聚类效果的目标函数也会不同，聚类出来的结果也不一样。对于现在讨论的简单情况，每个数据对象都可以表示为 d 维实空间中的一个点，我们自然可以用欧几里得距离定义相似性：距离越小，相似性越大。k-均值算法也是基于这类定义的。

本章将先介绍 k-均值希望优化的目标函数和基本算法，再给出一个具体示例，帮助大家理解算法的过程，最后讨论 k-均值算法存在的局限性，以及可能的改进。

特别说明一下，聚类的算法有很多，如划分法（partitioning method）、层次法（hierarchical method）、密度法（density-based method）等，k-均值算法只是其中最简单的，有兴趣的读者可以自行阅读相关资料[8][9]。

2.1　基本算法

我们将定义在 d 维实空间上的 N 个对象 $x_1, x_2, \cdots, x_N$ 分成 k 个簇，使得任意对象 x_i 属于且仅属于一个簇，这个簇的标号为记 $c_i = 1, 2, \cdots, k$。注意，在基本的 k-均值算法中，k 是给定的，不能从数据中得到。假设每个簇都可以用一个 d 维实空间上的一个数据点来代表，可以理解为一种能够代表很多用户偏好的新套餐方案。

再如，如果我们已知一段时间内一个城市发生火灾的地点，有修建 5 个消防站的预算（暂时不考虑以前的消防站，假设它们都不可用了），就可以以这些火灾发生的地点为数据点，做一个 $k=5$ 的聚类；聚类后，每个簇的代表点就可以作为新消防站的选址。不失一般性，这 k 个簇的代表点我们记为 $y_1, y_2, \cdots, y_k$。如果第 7 个对象被划到第 3 个簇中，我们定义这个划分的"代价"为 x_7 到 y_3 距离的平方。后面会介绍，为什么这样定义"代价"。

如果用 $D(x, y)$ 表示点 x 和 y 的欧几里得距离，注意到对象 x_i 所在的簇的代表节点是 y_{c_i}，则分类的总代价可以表示为

$$S = \sum_{i=1}^{N} D(x_i, y_{c_i})^2 \tag{2-1}$$

k-均值算法的思路就是，通过迭代的方式不停地优化代价 S，让它越来越小。

k-均值算法首先在 d 维实空间中随机选择 k 个点，作为 k 个簇的代表点，然后反复执行下面的两个步骤。

步骤 1：为每个对象分配一个簇

将每个对象 $x_1, x_2, \cdots, x_N$ 分配到距离它最近的那个代表点所代表的簇中。

步骤 2：重新计算每个簇的代表点位置

根据步骤 1，每个簇的代表点的位置将更新为这个簇中所有对象的平均位置。也就是说，对于任意 $j = 1, 2, \cdots, k$，y_j 的位置将更新为

$$y_j \leftarrow \frac{1}{m_j} \sum_{i, c_i = j} x_i \tag{2-2}$$

其中，m_j 是当前簇 j 所辖的对象数目。

k-均值算法反复执行步骤 1 和步骤 2，直到收敛——在执行步骤 1 的时候，如果每个对象所分配的新簇标号和原来的簇一样，那就收敛了。可以证明，k-均值算法一定会在有限步内收敛，并且一般而言，k-均值的收敛速度是很快的。

认真的读者脑海里面可能冒出两个问题。

一是为什么每次把一个簇的代表点选为这个簇中所有数据对象的均值点？这个选择方法其实就是 k-均值名字的由来，如果不明白为什么这样选，就不能

算懂得 k-均值算法。

二是本章开头说了聚类的目的是让同一个簇中的数据点之间的相似性高（距离近），这个目的很直观，也很合理。那么，为什么 k-均值算法要选择公式 (2-1) 作为目标函数而不计算数据点之间的距离？(2-1) 是不是一个假的目标函数呢？

其实，这两个问题拥有一个共同的答案，就是如果令 y_j 为簇 j 中所有数据对象的均值，那么最小化公式 (2-1) 中的目标函数与最小化一个簇中两两数据对象之间的距离的平方和是一致的。考虑 $d=1$ 的情况（$d>1$ 完全类似，大家可以作为练习题），如果有 N 个数据对象，记为 $x_1, x_2, \cdots, x_N$，其均值为

$$y = \frac{1}{N}\sum_i x_i$$

则根据公式 (2-1)，N 个数据对象组成的这个簇的代价为

$$\begin{aligned} S &= \sum_i (x_i - y)^2 = \sum_i \left(x_i - \frac{1}{N}\sum_j x_j\right)^2 \\ &= \sum_i \left(x_i^2 + \frac{1}{N^2}\left(\sum_j x_j\right)^2 - \frac{2}{N}x_i\sum_j x_j\right) \\ &= \sum_i x_i^2 - \frac{1}{N}\left(\sum_i x_i\right)^2 \end{aligned} \quad (2\text{-}3)$$

而 N 个数据对象两两距离的平方和为

$$\begin{aligned} \sum_{i<j}(x_i - x_j)^2 &= \frac{1}{2}\sum_i\sum_j \left(x_i^2 + x_j^2 - 2x_i x_j\right) \\ &= \frac{1}{2}\sum_i \left(Nx_i^2 + \sum_j x_j^2 - 2x_i\sum_j x_j\right) \\ &= N\sum_i x_i^2 - \left(\sum_i x_i\right)^2 \end{aligned} \quad (2\text{-}4)$$

注意，两者只差一个因子 N，所以优化目标函数 (2-3) 和目标函数 (2-4) 是一回事。换句话说，刚才的问题可以这样回答，k-均值算法把每次更新后簇的代表点选为所辖数据对象的均值，并且定义公式 (2-1) 这样的目标函数，恰恰是为了

使得一个簇内两两对象之间的相似性高。

至于相似性是不是要定义为欧几里得距离的平方，则不一定。当然，如果定义成其他样子，就会得到其他的聚类结果，所使用的方法也不再是 k-均值的方法了。

2.2　k-均值示例

本节在一个真实的数据集上运用 k-均值算法进行聚类。这个数据集中有 1000 封邮件，每封邮件被 d=57 个特征（维度）刻画，每个邮件属于三个给定类别中的一类。为了方便可视化显示，我们对数据进行降维操作，把原来的高维数据降到 2 维[10][11]。降维后的数据分布情况如图 2-1 所示，其中每个数据点代表二维特征平面上的一封邮件，不同颜色表示邮件的不同类别。

在开始的时候，每个数据点的类别都是未知的。k-均值算法的第一步是初始化簇代表，如图 2-2 所示，我们从数据中随机选出 3 个点作为初始的簇代表点（后称簇中心）。在后续的图中，每个簇中心用红色点表示，每种颜色代表一个簇，所有被分配到该簇中的点都是用同一种颜色表示。在图 2-2 中，由于所有数据点都还没有被分配簇中心标记，故所有数据暂时使用黑色表示。

接下来，每个数据点分配到距其最近的簇中心，并将在同一个簇的数据标记上相同的颜色，如图 2-3 所示。然后，用当前所有被分配到该簇数据点的均值来作为新的簇中心，更新后簇中心的位置如图 2-4 所示。

由于随机初始化的簇中心往往具有较大的随机性，故在第一次迭代时，簇中心会出现较大幅度的移动。为了强化表示，图 2-5 中把移动的轨迹用红色的箭头标识。

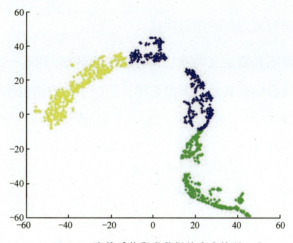

图 2-1　降维后待聚类数据的分布情况

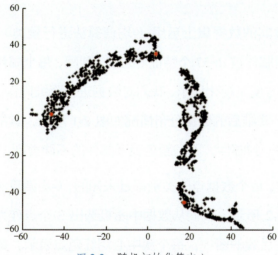

图 2-2　随机初始化簇中心

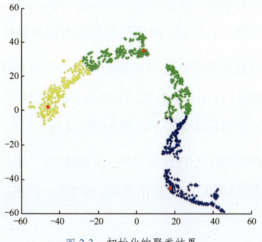

图 2-3　初始化的聚类结果

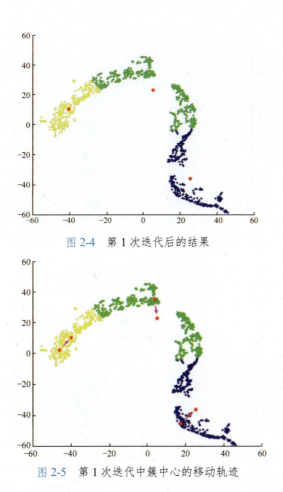

图 2-4　第 1 次迭代后的结果

图 2-5　第 1 次迭代中簇中心的移动轨迹

下面是 k-均值算法的第二步。k-均值算法反复将每个数据点分配到离其最近的簇中心，同时根据每次的分配结果更新所有簇中心的位置。图 2-6～图 2-14 展示了第 2～10 次迭代后的结果。

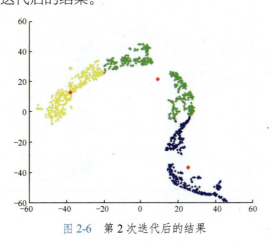

图 2-6　第 2 次迭代后的结果

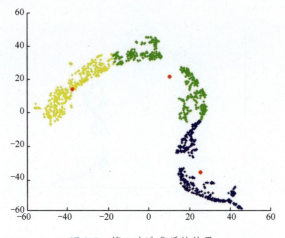

图 2-7　第 3 次迭代后的结果

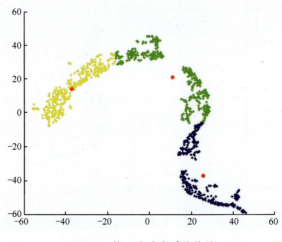

图 2-8　第 4 次迭代后的结果

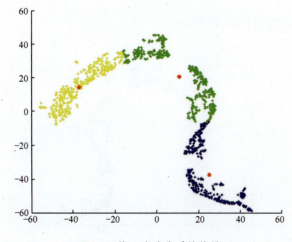

图 2-9　第 5 次迭代后的结果

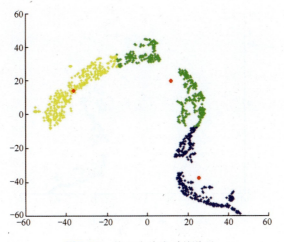

图 2-10　第 6 次迭代后的结果

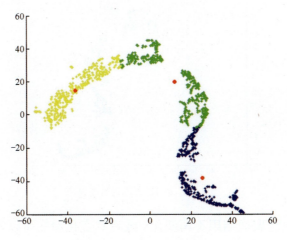

图 2-11　第 7 次迭代后的结果

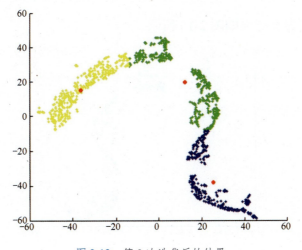

图 2-12　第 8 次迭代后的结果

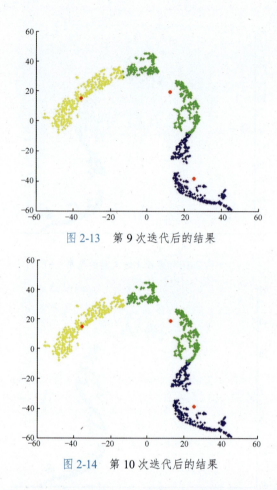

图 2-13 第 9 次迭代后的结果

图 2-14 第 10 次迭代后的结果

如此反复,直至聚类结果不再变化,或者其变化量在可以容忍的范围内,则停止整个迭代过程。事实上,经过 11 次迭代,算法收敛,聚类结果不再变化。我们得到的最终聚类结果如图 2-15 所示。

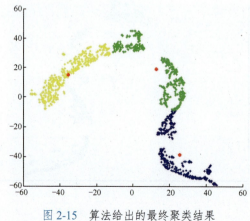

图 2-15 算法给出的最终聚类结果

对比图 2-1 和图 2-15 可以看出，k-均值算法给出的聚类结果与实际的数据类别分布吻合得非常好。

2.3　k-均值算法的局限性

k-均值算法是一种既简单又好用的方法，基本上可以拿来即用。对于 k-均值算法存在的不足已经讨论了半个多世纪，下面把一些主要的局限和可能的解决思路列出，供读者参考。因为本书只是一本入门级图书，所以不会就各种改良算法和高级算法进行详细的介绍，有兴趣的读者可以参考相关文献和资料。

k-均值最后聚类的结果对初始 k 个簇的代表点选择很敏感

也就是说，不同的初始条件下得到的聚类结果可能很不一样。

我们先来做一个数学游戏（希望各位读者以后学东西和做学问的时候，要培养这种从最简单的例子入手进行分析的习惯），如图 2-16 所示，考虑最简单的一种情况，就是在一个 1 维空间中（$d=1$），把三个数据点聚成两个类（$k=2$）。令最左边和最右边的两个数据点的位置为 0 和 1，中间的数据点位置为 x，不失一般性，令 $x \leq 0.5$。两个代表点的初始选择都限定在区间[0, 1]之间。如果 x 恰好为 0.5，由对称性可知，初始点的选择正好有 50%的可能性让 0 和 x 分到一组，1 单独为一组；另有 50%的可能性让 0 单独为一组，x 和 1 分到一组。那么，如果 $x=0.4$ 呢？这时有两个稳定的收敛态：第一种情况下收敛后的代表点为(0.2, 1)，使得 0 和 x 分到一组，1 单独为一组，代价 $S=0.08$；第二种情况下，收敛后的代表点为(0, 0.7)，使得 0 单独为一组，x 和 1 分到一组，代价 $S=0.18$。

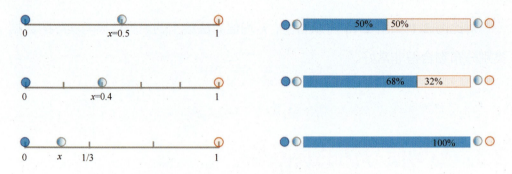

图 2-16　k-均值算法对初始簇代表点选择敏感性的简单示例

第一种情况好得多，代价要小一半不止。这也与我们的直觉相符合，因为 0.4 距离 0 比 1 近。如果两个初始代表点都在[0, 1]上随机分布（这是我们选择初始代表点时最常用的方法），那么最佳方案有多大可能性能够最终胜出呢？

显然，有 0.16 的概率两个代表点都落在区间[0, 0.4]，很遗憾，情况二胜出；有 0.36 的概率两个代表点都落在区间[0.4, 1]，则最佳方案（情况一）胜出。剩下 0.48 的概率，一个点落在区间[0, 0.4]，一个点落在区间[0.4, 1]，如果左边点所在的位置为 $t(t \leqslant 0.4)$，则右边点能够比左边点更接近 x 的概率是$(0.4-t)/0.6$，所以情况二胜出的概率为

$$\int_0^{0.4} \frac{1}{0.4} \frac{0.4-t}{0.6} \mathrm{d}t = \frac{1}{3}$$

综上，情况二的胜出率为

$$0.16 + 0.48 \times \frac{1}{3} = 0.32$$

也就是说，在最优方案明显占优（最优方案的代价仅为 0.08，而差方案代价为 0.18）的情况下，随机分配初始代表点的位置，差的方案竟然有 32%概率会胜出。只有当 $x<1/3$ 的情况下，才可以保证最优方案是唯一收敛的方案。

为了避免初始化带来的可能偏差，实践中最常见的办法是做很多次随机的初始化，然后执行 k-均值算法，最后选取 S 最小的结果作为算法的结果。尽管这种方法能够部分解决这个问题，但显然是一种无可奈何之举。如果读者对自己有更高的要求，建议阅读 Celebi 的综述[12]，其中有很多初始化的方法，能够

获得明显好于随机初始化的结果。

k-均值只能收敛到局部最优解

优化目标函数(2-1)可不简单，现已证明，对于一般的 d，即便 $k=2$ 问题都是 NP 困难的，对于一般的 k，也是 NP 困难的（关于 P 类问题、NP 类问题、NP 完全问题、NP 困难等概念，如果读者不了解，建议自行查阅相关资料）。对于固定的 d 和 k，如果有 N 个数据对象，精确获得全局最优解的时间复杂度是 $O(N^{dk+1} \log N)$ [8]，一般会看做一个不可思议的天文数字。用 k-均值算法非常快，时间复杂度是线性的 $O(Nkdi)$，其中 k 和 d 一般远小于 N，i 是收敛需要的迭代次数。尽管在一些变态的例子中[13]，i 可以非常大，但一般情况下 i 非常小。

虽然快，但是 k-均值本质上是一个爬山法[14]，很容易陷入局部最优出不来。例如上面的例子中，算法有 32% 的可能性陷入某种局部最优中（尽管只有 2 个坑，就有 1/3 的机会选到错误的那个坑）。如刚才针对初始敏感性的思路，一种有效而简单的方法就是多选择一些不同的初始条件，从中选择最好的结果。另外，可以在已经获得收敛解的前提下，进行一些局部的搜索，尽可能提高算法的效果[15]。

不知道如何确定一个合适的 k 值

我们一开始就做了说明，在基本的 k-均值算法中，k 是给定的，不是通过数据学习出来了。显而易见，k 值大小对于算法的结果至关重要，因此，如何选择最合适的 k 就成了实践中让人头痛的问题。你可能一拍脑袋说，这个容易，我们每次选择不同的 k，每个 k 多做几次实验，看看平均而言什么样的 k 可以得到最小的 S 值，就选这样的 k。方法虽然朴实，听起来没毛病，但是随着 k 的增大，S 的趋势是下降的，当 $k=N$ 时，每个簇只有一个数据对象，此时 $S=0$。但是，这种平凡的每个对象一个簇的划分方式是没有实际价值的。所以，我们必须在不那么大的 k 和小的 S 值之间选择一个平衡，一种直观的方法是在目标函数 S 上加一个惩罚项，随着 k 值的增大而增大。k-均值算法类中有一个非常著名的算法，称为 x-均值（x-means）[16]，就是具有自动学习 k 值的功能，其思路与上面是一样的。在实际应用 k-均值算法时，如果已经知道 k 值（如已经确定要修 5 个消防站），或者根据需要知道 k 值比较紧凑的一个范围（如预算显示新消防站数据在 3~5 个），那么大家可以一个一个试，否则建议使用 x-均值，而不是直接用 k-均值算法。

k-均值算法还存在一些其他问题。例如，k-均值算法对于噪音点特别是偏离很远的异常点非常敏感，这是因为它采用了距离的平方作为相似性的度量。要克服这个问题，就需要采用不同的相似性定义，如距离的绝对值，但这时就不能用 k-均值的方法来做优化，所以这里不展开介绍。另外，k-均值只擅长处理凸形的数据点分布，对于长相怪异的非凸数据分布常常无能为力，这时我们往往需要使用基于密度的方法。这些方法超出了本书的范围，有兴趣的读者可以参考相关教材和文献[8]。如果只能推荐一篇，那就是 Jain 最近的一篇综述[16]，可以作为一个导引手册，帮助读者了解这个领域的全貌和前沿。

练 习 赛

运用本章所学知识，尝试完成如下竞赛题目。

2-1 借贷风险预测：预测银行用户的信用好坏。

2-2 客户流失判断：判断客户是否会流失。

2-3 商品推荐：预测电商中用户对于商品的评分。

竞赛页面
（竞赛题目可能会不定时更新）

第 3 章　*k*-近邻

k-近邻基本算法

评价分类效果的常见指标

影响算法精确度的若干问题

k-近邻算法示例

从本章开始的三章，我们要处理的主要都是分类问题。分类问题与聚类问题不同，它已经知道了用于训练的数据对象的每个所属的类别标号，我们需要解决的问题是，对于不知道标号的数据对象（一般称为测试对象、目标对象或者新对象），给它们分配标号。一般而言，每个数据对象有且仅有一个标号。因为已知训练集中的类别标号（能够有一个客观的标准来进行判断），所以分类问题在机器学习教材中通常被称为"有监督的学习"。

分类问题的实质是预测，通过已知的信息，包括训练集中数据对象的特征和类别标号，以及测试集中数据对象的特征，来预测未知的信息，即测试集中数据对象的类别标号。这与聚类不一样，聚类是属于描述性的问题，让我们看到隐藏在原始数据中的一些深刻模式。一般而言，数据挖掘的问题都是分为这两类：一种是描述性的（如聚类），一种是预测性的（如分类）。因为分类在数据挖掘中特别重要，所以我们往往把它视作单独的一类，与预测相区分，后者狭义上指数值的预测，如回归分析就是要解决这类问题。

解决分类问题的模型和算法称为分类器（classifier），解决预测问题的模型和算法称为预测器（predictor）。但是正如我们刚才讲的，分类问题也是一种预测问题，实际上很多分类器稍微变化一下，但也可以用于预测器。例如，本章要介绍的 k-近邻（k-Nearest Neighbor，k-NN）算法，主要是用于分类，也可以看作一种回归预测的工具。在搜索引擎上查询"k-NN regression"，就可以看到很多 k-NN 用来进行数值预测的方法和应用。后面也会通过电子商务的简单例子来介绍 k-近邻回归。

本章将先介绍 k-近邻的基本算法——这部分非常简单，因为 k-近邻算法是所有数据挖掘著名算法中最简单的；然后，讨论影响 k-近邻算法精确度的若干重要因素，这对读者真正用好 k-近邻算法至关重要；最后，给出一个具体的示例，帮助读者理解算法的过程。

3.1　k-近邻基本算法

类似第 2 章，我们首先考虑最简单的一种情况，其中训练集中有 N 个数据对象，每个都可以表示为 d 维实空间上的一个点：$x_1, x_2, \cdots, x_N$。训练集中的每个对象都有一个已知的类别标号，所以形成了 N 个二元组：

$$(x_1, l_1), (x_2, l_2), \cdots, (x_N, l_N)$$

其中，l_i 是类别标号，如果有 M 个类别，则 $l_i = 1, 2, \cdots, M$。我们需要解决的问题就是对于一个新的数据对象 $x \in R^d$，如何确定它的类别标号。

k-近邻算法定义一种相似性或者距离指标，先计算目标对象和训练集中每个数据点的相似性或者距离，再选择相似性最高（或者距离最近）的 k 个数据对象，把这些对象中占主导的类别标号作为新对象的标号。

例如，已知 41219 个人的个人贷款用户的还款情况，其中大部分能够按时还款，小部分没有按时还款，我们把前者分为一类——守信者，后者分为另一类——失信者。现在根据这些贷款用户的数据，给新的申请贷款者分类，那么 k-近邻算法会根据申请者填报的特征（数据）与已知的贷款用户进行比较，选出最相似的 k 个用户，然后将申请者的类别定为这 k 个相似用户中占优的类别。例如，

$k=7$，7 个人中有 5 个按时还款，2 个不按时还款，那么这个申请者就被预测为"守信者"。当然，实际上我们会更精细地认为他有高达 2/7 的概率不按时还款，所以他几乎不可能成功贷款。

k-近邻有一个独特的优点，就是在给新对象分类的时候，不需要基于训练数据建立模型，所以这个方法非常简单易用。因为算法特别简单，所以在分类算法中，它在精确性上不出众，但是其错误率不算离谱——对于一个二分类的问题，在数据量趋于无穷的时候，1-近邻分类（$k=1$）的错误率不会超过最优贝叶斯错误率的 2 倍[17]。这个问题的细节不在本书讨论的范围内。最优贝叶斯错误率与朴素贝叶斯（将在第 4 章介绍）有关系但不是一回事。前者假设已知给定类别后数据对象在特征空间的分布，就是一切分布细节都知道，这基本上是没有实践价值的。

当然，k-近邻的缺点也是非常明显的。因为没有就训练集建立模型，所以原则上每次都需要计算新对象与所有训练对象之间的距离，这个时间复杂度是 $O(N)$，可不得了！其他很多主流算法只需要 $O(1)$ 的复杂度。一个好消息是，很多情况下，$k=1$ 效果就很不错了[18]，这时可以通过一些快速算法来大幅加速最近邻的确认速度。另外，k-近邻所需要的存储空间也不小，也是 $O(N)$——要保存所有训练对象。因为需要分类的新对象不停进来，所以这些训练对象的信息都必须完整放在内存中，对于真正的大数据，这个压力也不小。尽管有一些方法可以降低存储量[19]或者提高发现 k 个最近邻的速度[20]，但是也没有办法完全克服这些缺点。

除了用于处理分类问题，k-近邻的思想可以用在很多地方。比如，k-近邻可以用来进行数值预测。我们考虑一个电商消费的场景，已知 N 个人的特征（年龄、性别、居住地、使用手机品牌等）以及他们在某电子商务平台上一年的总消费金额。现在给出一个新用户，我们可以找到与这个新用户的特征最相似的 k 个已知用户，用他们一年总消费金额的平均值作为这个新用户一年总消费金额的预测值，这个算法称为 k-近邻回归（k-nearest neighbor regression）。又如，在个性化推荐[21]中最常见的协同过滤（collaborative filtering）算法也应用了 k-近邻的思想——基于用户的协同过滤先通过分析用户的点击、收藏、购买记录，找到与目标用户特征最相似的 k 个用户，然后把这些相似用户买过但是目标用户没有买过的商品推荐给目标用户。再如，著名的最近质心分类器（nearest centroid classifier，应用于文本分类）即著名的 Rocchio 算法（读者可以通过近期的代表性应用[22]了解该算法），其算法分两步进行，先计算训练集中每个类别的质心，再认为新对象的类别就是距离它最近的那个质心所属的类别。这实际上是 k-均值的部分思想和 1-近邻算法的结合。

3.2 评价分类效果的常见指标

为了方便理解有监督分类器的通用评价指标，我们先引入误差矩阵[23]，一种用表格布局直观的展示有监督分类器的分类效果（如图 3-1 所示）。

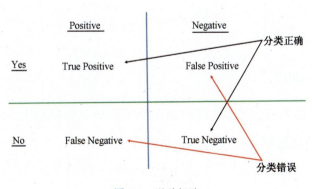

图 3-1 误差矩阵

在误差矩阵示意图中,真实数据的分类结果为 Positive/Negative,算法得到的结果记为 Yes/No,所有的测试数据点根据本身正确的分类和预测结果,可以分成 4 种类型:True Positive(TP),被正确预测为正类的正类样本数量;False Positive(FP),被错误预测为负类的正类样本数量;False Negative(FN),被错误预测为正类的负类样本数量;True Negative(TN),被正确预测为负类的负类样本数量。以此为基础,我们遴选最常见的 4 个评价指标进行介绍。读者如果希望了解关于评价指标更深入的知识,包括更多的指标和指标之间的关联,可以参考相应的文献[24-26]。

准确率(Accuracy)

评价分类器性能的一般性指标是分类的准确率,统计的是在给定的测试集上,分类器正确分类的样本数与总测试样本数之比:

$$\text{Accuracy} = \frac{TP + TN}{TP + FN + TN + FP} \tag{3-1}$$

精确率(Precision)

精确率在数据挖掘中也可以称为置信度,关注的是在给定的测试数据集上,被正确预测为正类的样本数占总的被预测为正类样本数的比例:

$$\text{Precision} = \frac{TP}{TP + FP} \tag{3-2}$$

召回率(Recall)

召回率,又称为查全率,关注的是在给定的测试数据集上,被正确预测为正类的样本数占测试数据中正类样本总数的比例:

$$\text{Recall} = \frac{TP}{TP + FN} \tag{3-3}$$

F1 分数（F1 score 或 F1 measure）

F1 分数是精确率和召回率的调和均值（见式(3-4)）。在大多数情况下，我们希望精确率和召回率的值越大越好，但是实际的分析中经常出现相反的变化情况，如随着精确率的增大，召回率的值变小。为了综合两者的影响结果，往往采用 F1 分数进行评价。

$$\text{F1 score} = 2 \times \frac{\text{Precision} \times \text{Recall}}{\text{Precision} + \text{Recall}} = \frac{2\text{TP}}{2\text{TP} + \text{FP} + \text{FN}} \tag{3-4}$$

3.3 影响算法精确度的若干问题

k-近邻虽然是一个非常简单的算法，但是存在很多技巧和问题：如果用得好，精确度可以比一些复杂得多的算法还好；如果只是僵化照搬基本算法，在很多真实场景中，分类的效果不会太好。本节介绍一些影响算法精确度的关键问题以及可能的解决方案。

如何选择合适的 k 值

类似于 k-均值算法，在 k-近邻算法中，k 是一个外在于数据的参数，原则上不能从数据中通过学习得到。k 值的选择不是一个平凡的问题，而且对于分类的精确度影响很大：k 值选取过小，算法容易受到一些噪音点的影响；k 值选取过大，则在数量上占优的类别会具有统治性的优势。

以 3.2 节提到的"守信－失信"分类问题为例。如果训练集中守信者有 4 万名，失信者只有 1219 名，那么如果选择一个比较大的 k 值，新对象可能几乎会被判断为守信者，因为与守信者成为近邻的概率太大。这类正负样本量极不平衡的问题在数据挖掘中是常见的，往往需要对占优类别进行多次随机抽样。比如，把 4 万个守信者随机分成 10 堆，每堆 4000 人，再分别与 1219 名失信者组成 10 个训练集，独立形成分类器，然后重新分析学习这 10 个分类器的分类结果，最后确定最终的结果；或者，把分类问题转化为概率数值预测问题，再进行处理。本书对此不详细展开，有兴趣的读者可以参考相关文献[8][27][28]。

有一些基本的选择 k 的技巧，如对于二分类问题（$M=2$），k 一般选择为奇数，避免出现两个类别并列第一的情况。还有一些基本经验，如一般而言，训练对象量越大（N 越大），合适的 k 值越大。因为分类的精确度是可以测量的（在训练集中选出一部分数据，假装不知道它们的类别，然后用剩下的数据集预测被选出的这部分数据的类别，就可以估计算法的精确度，也就是分类正确的概率），虽然不完全准确，但是可以调节 k 值，分析精确度随 k 值的变化，选择精确度最高的 k 值。

有时不管选择什么样的固定的 k 值，效果都不怎么好。这时的替代方案是认为训练集中每个对象对于新对象的分类都可以发表意见，产生贡献，但是意见的权重和与新对象的相似性有关：相似性越高或者距离越近，所发表的意见权重就越大。最常见的情况下，权重可以定义为距离的倒数，即

$$W_i = [D(x_i, x)]^{-1}$$

如果训练集中不同类别的数据对象数目很不平均，那么为了避免占优势的类别统治了对所有新对象的分类，我们需要强调近邻的影响，则可以取

$$W_i = [D(x_i, x)]^{-2}$$

一般可以令

$$W_i = [D(x_i, x)]^{-\alpha}$$

通过调节参数 α 来优化算法分类的精确度。

确定权重后，一个类别 l（$l=1,2,\cdots,M$）的总贡献为

$$\sum_{l_i = l} W_i$$

新对象 x 的类别将被设定为贡献最大的类别。

如何定义数据对象之间的距离

计算数据对象之间的相似性，或者确定数据对象之间的距离，是 k-近邻算法中关键的步骤，因为它直接决定了近邻的选取。常见的距离定义有欧几里得距离、曼哈顿距离、余弦距离等。如果记 $u = (u_1, u_2, \cdots, u_d)$ 和 $v = (v_1, v_2, \cdots, v_d)$ 为 d 维实空间上的 2 个点，则这 3 种距离的定义分别为：

$$D(u,v) = \sqrt{\sum_{i=1}^{d}(u_i - v_i)^2} \qquad (3\text{-}5)$$

$$D(u,v) = \sum_{i=1}^{d}|u_i - v_i| \qquad (3\text{-}6)$$

$$D(u,v) = \frac{\sum_{i=1}^{d}u_i v_i}{\sqrt{\sum_{i=1}^{d}u_i^2}\sqrt{\sum_{i=1}^{d}v_i^2}} \qquad (3\text{-}7)$$

做文本分类时一般使用余弦相似性比较好，但是面对具体问题，往往只有通过实验才能确定最合适的距离定义方式。

如何处理异质的属性

在 3.1 节考虑了最简单的情况，即任意数据对象 x_i 都可以用一个 d 维实空间的点表示，但是每个维度的意义是不一样的。很有可能某些维度的范围非常大（如个人资产，可能从几千几万元到几十上百亿，差数万倍，如果以元为单位，绝对值可能差几十亿），而某些范围非常小（如成年男性的身高大体为 1.4~1.9 米，不太可能差 1 倍，如果以米为单位，绝对值差不到 1），如果直接应用欧几里得距离（式(3-5)）或者曼哈顿距离（式(3-6)），那么可能某个维度上的差异会起到决定性的作用，而其他维度上的差异就没有价值了。在这种情况下，如果各维度的重要性差不多（在没有先验知识的前提下，这个假设是合理的），我们就应该先做归一化，使得每个维度的差异不太多。

对于每个维度 i（$i = 1, 2, \cdots, d$），如果训练集所有数据的最小值为 m_i，最大值为 M_i，则一种简单而有效的归一化方法是把这个维度上的任意 z 变换为

$$z' = \frac{z - m_i}{M_i - m_i} \tag{3-8}$$

变换后，虽然依然不能够保证每个维度对于距离的贡献都一样，但是会降低异质性的影响。

有时情况比这个还糟糕。例如，有些维度实际上不是简单的实数值，而是类型值，如颜色。一种简单的方法是定义这个维度的距离为 1，如果两个数据对象的颜色不同，否则为 0。这实际上就是海明距离（Hamming Distance）。这样的问题就是这个维度上的差异贡献往往大于经过归一化处理（式(3-8)）后其他维度的贡献。

另外，如果属性只有两三个就罢了，如果属性很多，如颜色有红、橙、黄、绿、青、蓝、紫，年龄段有儿童、少年、青年、中年、中老年、老年等，简单用 0/1 来区分差异就不合适了。因为儿童和老年的距离肯定大于中老年和老年的距离，红色和蓝色的距离应该大于紫色和蓝色的距离……这时是否有必要在[0, 1]区间内选择几个点表示每个属性（对于年龄段这个好做，对于颜色不好做，因为无法确定谁在两端谁在中间），或者针对这个维度单独定义一套距离指标，就要根据具体问题具体分析和选择了。

3.4　k-近邻算法示例

k-近邻算法由于其算法的简单有效，被广泛应用于各领域。为了让读者对 k-

近邻算法有更直观的印象，本节介绍一个具体的示例。

我们考虑一个简单的情况，所有的数据点，记为(x,y,z,t)，都在一个四维实空间中。所有的数据有3种不同的生成机制，并相应被划分为3个类别：cluster 1——每个维度的坐标都各自独立由一个期望值为0，方差为1的正态分布函数依概率生成；cluster 2——每个维度的坐标都各自独立由一个期望值为2，方差为1的正态分布函数依概率生成；cluster 3——每个维度的坐标都各自独立由一个期望值为-2、方差为1的正态分布函数依概率生成。3个正态分布的概率密度函数如图3-2所示。

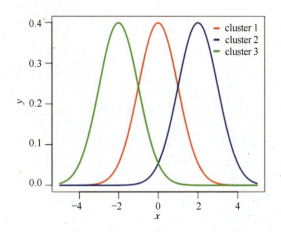

图3-2　3个正态分布的概率密度函数

因为四维空间的点不好表现，下面取前两个维度(x,y)，图3-3和图3-4给出了按照上述方法生成的不同类别数据的分布情况。蓝色、橙色和绿色分别对应cluster 1、cluster 2和cluster 3。图3-3是原始数据分布，图3-4是归一化之后的数据分布。

我们把数据随机分成10份，每次选取其中1份作为测试集，另9份作为已知数据。这样做10次，每份数据都当一次测试集，就称为一次10折交叉验证。

我们对原始数据的每个 k 值都进行 100 次的 10 折交叉验证，以确定最佳的 k 值。每次 10 折交叉验证，分别统计准确率、精确率、召回率和 F1 分数指标，求得 100 次平均后的这 4 个值的情况如图 3-5 所示。可以看出，在 k 值为 3 的时候，样本的各项指标都达到最优。

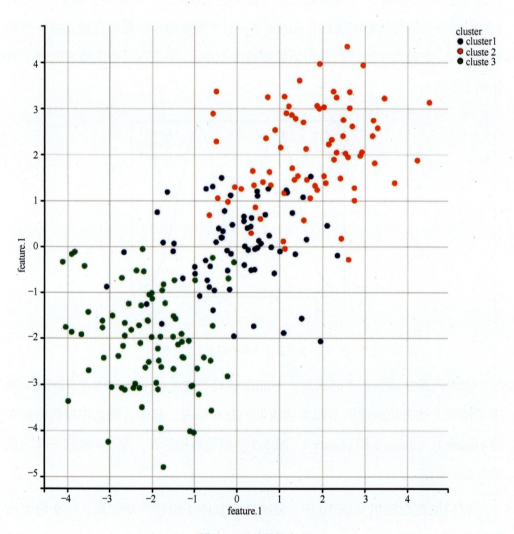

图 3-3　原始数据分布

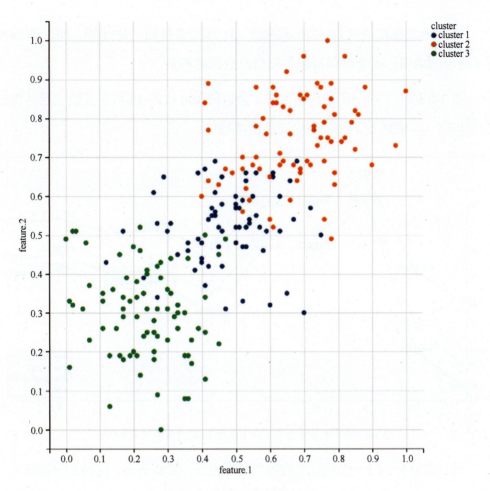

图 3-4 归一化后的数据分布

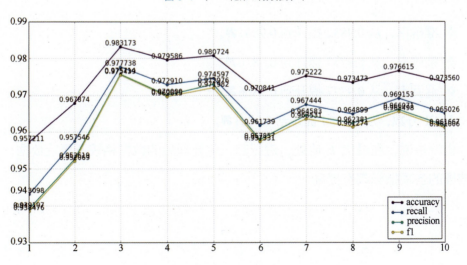

图 3-5 原始数据各 k 值 100 次 10 折交叉验证汇总结果

将原始数据按照式(3-8)所示的归一化方式进行归一化处理，可以得到图 3-4 所示的结果。这个结果看起来与原始数据差不多。

图 3-6 给出了归一化处理后每个 k 值进行 100 次的 10 折交叉验证后各指标的平均值——依然是 $k=3$ 的时候算法性能最佳。

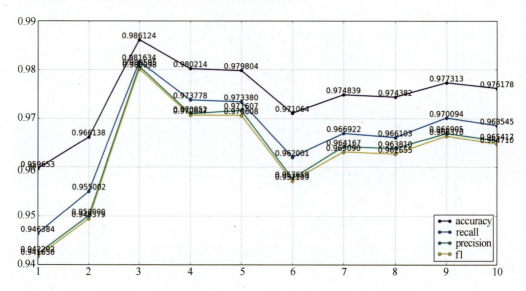

图 3-6　归一化后数据各 k 值 100 次 10 折交叉验证汇总结果

进一步分析，归一化后分类的效果有所提升。具体而言，在 $k=3$ 的情况下，归一化前后的 4 个指标的变化分别如下：

- 准确率，从 0.9832 提升到 0.9861↗。
- 精确率，从 0.9757 提升到 0.9816↗。
- 召回率，从 0.9777 提升到 0.9806↗。
- F1 分数，从 0.9754 提升到 0.9801↗。

也就是说，在最优 k 值处，进行归一化处理后的数据相较于原始数据，分类结果的各项指标都有提高。

练 习 赛

运用本章所学知识，尝试完成如下竞赛题目。

3-1　借贷风险预测：预测银行用户的信用好坏。

3-2　客户流失判断：判断客户是否会流失。

3-3　商品推荐：预测电商中用户对于商品的评分。

3-4　手写数字识别：识别灰度图片对应的数据中是哪个数字。

竞赛页面
（竞赛题目可能会不定时更新）

第4章 朴素贝叶斯

贝叶斯定理

贝叶斯基本算法

贝叶斯算法案例

处理连续特征

第 4 章　朴素贝叶斯

第 3 章介绍了分类中最简单的算法——k-近邻分类，这也是整个数据挖掘中最简单的算法之一。k-近邻分类在对未知数据对象进行分类前，不需要针对原来的数据对象（训练集）进行学习，也不需要建立任何模型，所以我们把这种类型的分类器称为"惰性学习器"。本章和第 5 章介绍的算法与 k-近邻的思路不同，要先学习训练数据，建立好模型。这样，开始时花费的时间多，但是后面对数据进行分类就变得简单了。

朴素贝叶斯（Naïve Bayes）分类器在很多地方也被称为简单贝叶斯（Simple Bayes）或者独立贝叶斯（Independence Bayes），是一种有代表性的分类方法。而且与 k-近邻一样，朴素贝叶斯的思想不仅仅用于分类。

本章将先介绍朴素贝叶斯的基础——著名的贝叶斯定理；然后给出朴素贝叶斯的基本算法；再针对离散特征的情况，给出一个示例，帮助大家理解算法的细节；最后，讨论如何处理特征是连续变量的情况。

4.1　贝叶斯定理

贝叶斯生于 1701 年，卒于 1761 年，英国人。搞统计的同学们一般称其为

"贝爷",他是一个业余的数学家,其本行是牧师。据说他搞数学的目的是为了证明上帝的存在。这个宏大的目标显然没有完成,但是贝爷41岁成为了英国皇家学会会员,而且是公认的概率统计理论的奠基人之一(最早提出并研究概率问题的是帕斯卡和费马,后者也是业余数学家)。这说明,一个人搞事业,立意和格局一定要高。一个人搞数学是为了评上副教授,另一个人搞数学是为了证明上帝存在,前者立刻被秒杀了。这个其实很重要,特别是年轻人,如果要做学问,首先要想清楚,你未来如果成为全球知名的大学者,那么到底要在什么方向、什么领域做出或奠基性或突破性或系统性的重大贡献。这个方向把握不住,决心下不了,亦步亦趋地做东西,十年、二十年很快就过去了,最终只可能是"老大徒伤悲"。

好了,闲话不扯,我们回到贝叶斯的贡献。

我们做一个假设,你到某食堂吃了一份午饭,在这份套餐中同时吃到了一只苍蝇和一根蛆。把食堂吃午饭这个事情看成给定的外部环境,我们考虑两个事件:

A —— 吃到了一只苍蝇

B —— 吃到了一根蛆

假设吃到苍蝇的概率是 $\Pr(A) = 0.0001$(万分之一),这可以用"有苍蝇的午餐除以所有午餐"来估计,吃到蛆的概率是 $\Pr(B) = 0.00001$(十万分之一),这可以用"有蛆的午餐除以所有午餐"来估计。

注意,我们说的是假设,也是对食堂的期许和目标。实际的概率可能更大,只是很多情况下大家直接吃下去了,没有发现。那么,如果这两个事件是独立的,则同时吃到一只苍蝇和一根蛆的概率就等于吃到苍蝇的概率乘以吃到蛆的概率,记为:

$$\Pr(A,B) = \Pr(A)\Pr(B) = 10^{-9} \text{(十亿分之一)}$$

但是,这两个事件实际上并不独立,因为苍蝇和蛆都有可能因为某些菜没有被洗干净才进入食堂，而且苍蝇能生蛆，这关系太紧密了。在这种情况下，就不能做独立性的假设，而要更严格地认为"同时吃到了一只苍蝇和一根蛆等于吃到蛆的概率乘以在吃到蛆的前提下吃到苍蝇的概率"，记为

$$\Pr(A,B) = \Pr(B)\Pr(A|B)$$

其中，$\Pr(A|B)$ 表示的是已知 B 的条件下出现 A 的概率，称为条件概率。

在这个情景下，这个值应该大于十亿分之一，但有时这种相关是反向的，所以 $\Pr(A,B)$ 的值可能比独立性假设下计算出来的值更小。类似地，$\Pr(A,B) = \Pr(A)\Pr(B|A)$。所以，我们可以得到一个恒等式

$$\Pr(B)\Pr(A|B) = \Pr(A)\Pr(B|A) \tag{4-1}$$

为了突出需要确定的是条件概率，贝爷把式(4-1)写成了如下广为流传的样子：

$$\Pr(A|B) = \frac{\Pr(B|A)\Pr(A)}{\Pr(B)} \tag{4-2}$$

在原始的文献以及统计味道比较重的文献中，这四个项都有各自的术语。其中，$\Pr(A|B)$ 是我们希望计算的"在吃到蛆的前提下吃到苍蝇的概率"，称为后验（posterior）概率；$\Pr(A)$ 是在没有任何前提条件下"吃到苍蝇的概率"，称为先验（prior）概率；$\Pr(B|A)$ 是逆命题，即"在吃到苍蝇的前提下吃到蛆的概率"，称为似然（likelihood）；而 $\Pr(B)$ 是在没有任何前提条件下"吃到蛆的概率"，称为证据（evidence）。现在，为了方便，一般把条件概率称为后验概率，把直接的概率称为先验概率，贝叶斯定理（式(4-2)）就是连接先验概率和后验概率的武器。

子曰："信贝爷，得真理。"这是有道理的。贝叶斯定理看起来虽然简单，但是如果真正掌握了它，就可以破除很多我们生活中常见的认知陷阱。下面举 3 种例子。

独立性陷阱

很多人在评估概率的时候，潜意识中会运用独立性假设。实际上，独立性假

设是一个非常强的假设，在大部分情况下，错误运用独立性假设会得到非常离谱的结果。例如，一个成年人是男性的概率大约为 1/2，一个成年人白天戴着胸罩的概率大约也是 1/2（可能会稍微小一点，没有做过大规模调查，不好说），如果我们直接运用独立性假设，就会认为"一个成年男性白天戴着胸罩的概率大约为 1/4"，而实际上这个概率要远小于 1/4——这时候误差就不是一点点，而是南辕北辙了。

对称性陷阱

对称性陷阱是指一个人会下意识地认为 $Pr(A|B) = Pr(B|A)$，或者至少放大这两者的关联。在那个青春懵懂的时期，有的人只因为异性对自己笑了笑就深陷其中，找到了若干确凿的证据，像证明勾股定理一样严格证明了异性对自己隐藏的情意，然后"为了不让他/她尴尬难为情"，自己主动去表白。结果呢？绝大部分被表白对象对于表白者没有任何印象！

我们考虑两个事件：

A —异性喜欢你

B —异性对你笑过

显然，异性如果喜欢你，不管是邂逅还是可能一起生活，肯定会对你笑过不止一次，所以我们几乎可以认为

$$Pr(B|A) = 1$$

陷入对称性陷阱的可怜的青春男女们会有一个简单的认知，就是 $Pr(A|B)$ 也应该很大，也就是说"一个对你笑过的他/她应该以很大的概率喜欢你"。但是，根据贝叶斯定理（式(4-2)）和近似条件 $Pr(B|A) = 1$，我们可以得到

$$Pr(A|B) \approx Pr(A)/Pr(B)$$

分子是看到异性笑过的人口数目，对于一个开朗的年轻人而言，一年少说也有几千上万人吧，但这个阶段，他/她喜欢的人平均而言可能不到 1 个，所以

这个概率实际上小得可怜。

均匀性陷阱

回到贝叶斯定理（式(4-2)）。如果要确定 $\Pr(A|B)$，我们可能把更多的精力放在估计 $\Pr(B|A)$ 上（这也是出现对称性陷阱的原因），而忽略了 $\Pr(A)$ 的复杂性。特别地，当比较多个事件谁出现的概率大时，如果给 $\Pr(A_1|B)$ 和 $\Pr(A_2|B)$ 排序，我们往往更容易注意到 $\Pr(B|A_1)$ 和 $\Pr(B|A_2)$ 的大小差异（这时 $\Pr(B)$ 的大小不起作用）。比如，你在游泳馆遇到了一个彪形大汉，满身文身，几个手指上都戴着粗大的戒指，右肩还有一道刀疤，那么他更可能是一个不法分子（A_1）还是一个守法公民（A_2）呢？也许很多人会选择前者，因为在我们的印象中，不法分子比守法公民更有可能去文身，也就是说，$\Pr(B|A_1) > \Pr(B|A_2)$，B 是文身、多只戒指和刀疤。但是由于不法分子的人数远远少于守法公民的人数，即

$$\Pr(A_1) \ll \Pr(A_2)$$

所以，选择守法公民才是正确的。

如果充分理解和尊重贝叶斯定理，上面的认知偏差就不会出现，这就是"信贝爷，得真理"的真义了。

4.2 贝叶斯基本算法

我们先考虑最简单的一种情况，其中训练集中有 N 个数据对象 $x_1, x_2, \cdots, x_N$，每个数据对象有 d 个特征，每个特征都只能取有限个离散的值。例如，"性别"特征一般只能取两个值，"男"或者"女"（实际社会中还有更多性别，此处为简化的例子）。训练集中的每个对象都有一个已知的类别标号，所以形成了 N 个二元组：

$$(x_1, l_1), (x_2, l_2), \cdots, (x_N, l_N)$$

其中，l_i 是类别标号，如果有 M 个类别 $C_1, C_2, \cdots, C_M$，则 $l_i = 1, 2, \cdots, M$。我们需要解决的问题就是对于一个新的数据对象 x，如何确定它的类别标号。假设我们可以计算出 x 属于任意类别 C_i 的概率 $\Pr(C_i | x)$，那么我们可以合乎情理地预测 x 属于类别 C_i，如果

$$\Pr(C_i | x) \geq \Pr(C_j | x), \quad \forall j = 1, 2, \cdots, M \tag{4-3}$$

根据贝叶斯定理，我们可以得到

$$\Pr(C_i | x) = \frac{\Pr(x | C_i) \Pr(C_i)}{\Pr(x)} \tag{4-4}$$

其中，$\Pr(x)$ 对于任何待比较的类别 C_i 来说都是常数，所以对于最后确定类别不起作用，因此我们只需要计算分子 $\Pr(x | C_i) \Pr(C_i)$。

由于先验概率 $\Pr(C_i)$ 通常是不知道的，因此我们可以用已知的 N 个数据对象中属于类别 C_i 的对象数目除以 N 来估计这个概率。

接下来，我们的焦点就集中到了如何计算 $\Pr(x | C_i)$。待分类对象 x 的 d 个属性值分别记为 $x^{(1)}, x^{(2)}, \cdots, x^{(d)}$，我们可以将 $\Pr(x | C_i)$ 展开为

$$\begin{aligned}\Pr(x | C_i) &= \Pr(x^{(1)} | C_i) \Pr(x^{(2)} | C_i, x^{(1)}) \cdots \Pr(x^{(d)} | C_i, x^{(1)}, \cdots, x^{(d-1)}) \\ &= \prod_{j=0}^{d-1} \Pr(x^{(j+1)} | C_i, x^{(1)}, \cdots, x^{(j)}) \end{aligned} \tag{4-5}$$

式(4-5)尽管是严格的，但是计算难度很大，而且除非在 N 个训练对象中至少有某个对象 k 满足 $x_k = x$ 且 $l_k = i$，否则式(4-5)的值必然为 0。为了让计算变得可能和有意义，我们引入一个非常强悍的假设，就是在任何确定的类别中，数据对象各属性的取值是互相独立的——正是因为有了这个"惊天地泣鬼神"的野蛮假设，这种方法才被称为朴素贝叶斯或者独立贝叶斯，在这种情况下，(4-5)可以被大大简化为

$$\Pr(x | C_i) = \prod_{j=1}^{d} \Pr(x^{(j)} | C_i) \tag{4-6}$$

于是我们可以得到

$$\Pr(C_i \mid x) \propto \Pr(x \mid C_i)\Pr(C_i) = \Pr(C_i)\prod_{j=1}^{d}\Pr(x^{(j)} \mid C_i) \qquad (4\text{-}7)$$

其中，$\Pr(x^{(j)} \mid C_i)$ 可以用所有已知的属于类别 C_i 的数据对象中第 j 个属性取值恰为 $x^{(j)}$ 的比例来估计。

在应用式(4-6)时有一个风险，就是只要有任何一项

$$\Pr(x^{(j)} \mid C_i) = 0 \quad (j = 1, 2, \cdots, d)$$

则

$$\Pr(x \mid C_i) = 0$$

也就是说，只要在训练集中，某类别的所有数据对象都不具备某个特征 A（如在"籍贯"维度中没有"四川"的），那以后待预测的所有对象只要具有特征 A，不管其他 $d-1$ 个维度是什么情况，都不可能被归入该类别。在数据不能充分稠密地覆盖特征空间的情况下，这是非常危险的。所以，在真实计算的时候，往往使用拉普拉斯平滑化处理（Laplace Smoothing，也叫拉普拉斯校准）[29]，就是对每个取值的计数都加上 1，因此也叫 Add-one Smoothing[30]。

例如，如果在某个消费者分类"最爱买的商品是衣服"中有一个离散特征维度是收入水平，它有 6 个取值，分别是巨贾、土豪、小富、中产、够饱、赤贫，在已知的 1000 个训练样本中，这个属性下取值的分布为 0、11、862、120、7、0。直观地讲，服装爱好者中没有赤贫的人是合理的，但是没有巨贾可能只是因为我们数据中巨贾的人太少。一般而言，对于离散取值的属性，我们需要先做拉普拉斯平滑化处理，把计数变为 1、12、863、121、8、1。以巨贾为例，其对应的概率为

$$\Pr(\text{巨贾} \mid \text{最爱买的商品是衣服}) = 1/1006 = 0.000994$$

4.3 贝叶斯算法案例

考虑一个婚恋网站，一名女性刚刚注册，希望通过这个网站找到男朋友。现

在系统展示了 12 个男生的基本资料，她已经根据这些资料做出了有没有进一步接触兴趣的判断。为了简单起见，我们只考虑 4 个维度：年龄、年收入、身高和长相，并且这 4 个维度已经被离散化。

年龄取值有 7 个，分别是：50 岁以上、45～50 岁、40～45 岁、35～40 岁、30～35 岁、25～30 岁和 25 岁以下。

年收入也有 7 个取值，分别是 100 万元以上、60～100 万元、40～60 万元、30～40 万元、20～30 万元、10～20 万元和 10 万元以下。

身高有 6 个取值，分别是 1.80 米以上、1.75～1.80 米、1.70～1.75 米、1.65～1.70 米、1.60～1.65 米、1.60 米以下。

长相有 3 个取值，分别是：帅、中、丑。

表 4-1 就是该女性根据基本资料做出的判断。

表 4-1　根据男生资料选择是否愿意进一步交往

编号	年龄	年收入	身高	长相	有无兴趣
1	35～40 岁	40～60 万元	1.65～1.70 米	帅	有
2	40～45 岁	40～60 万元	1.60～1.65 米	丑	无
3	30～35 岁	20～30 万元	1.75～1.80 米	帅	有
4	40～45 岁	100 万元以上	1.60～1.65 米	中	有
5	25～30 岁	10～20 万元	1.70～1.75 米	帅	无
6	35～40 岁	40～60 万元	1.70～1.75 米	帅	有
7	30～35 岁	20～30 万元	1.75～1.80 米	丑	无
8	50 岁以上	60～100 万元	1.70～1.75 米	丑	有
9	30～35 岁	10 万元以下	1.70～1.75 米	帅	无
10	35～40 岁	60～100 万元	1.70～1.75 米	帅	有
11	40～45 岁	30～40 万元	1.65～1.70 米	中	无
12	30～35 岁	10～20 万元	1.80 米以上	帅	无

真实应用中，靠这点数据还不足以做出比较准确的判断，因为数据每个维度的取值多的有 7 个，但是只有 12 个样本，很容易产生误判。不过这里只是介绍朴素贝叶斯的算法流程，所以暂时用这个简单的示例。

第 4 章 朴素贝叶斯

现在我们考虑一个问题,有一个 35～40 岁的帅哥,年收入 30～40 万元,身高 1.70～1.75 米,她会有兴趣进一步接触吗?

我们用 4 维向量 $x = (35-40, 30-40, 1.70-1.75, \text{handsome})$ 表示这个待判定的男性的 4 个属性,用 Yes 表示感兴趣的类别(即感兴趣、愿意进一步接触的男性组成的集合),用 No 表示不感兴趣的类别,那么现在这个问题就转化为比较 $\Pr(\text{Yes}|x)$ 和 $\Pr(\text{No}|x)$ 的大小。

根据贝叶斯定理,我们可以得到

$$\begin{cases} \Pr(\text{Yes}|x) = \dfrac{\Pr(x|\text{Yes})\Pr(\text{Yes})}{\Pr(x)} \\ \Pr(\text{No}|x) = \dfrac{\Pr(x|\text{No})\Pr(\text{No})}{\Pr(x)} \end{cases} \quad (4\text{-}8)$$

其中,$\Pr(x)$ 对于比较相对大小不起作用,而恰好 $\Pr(\text{Yes}) = \Pr(\text{No}) = 6/12 = 0.5$,因此我们只需要比较 $\Pr(x|\text{Yes})$ 和 $\Pr(x|\text{No})$。根据独立性假设(式(4-7)),可以得到

$$\begin{aligned} \Pr(x|\text{Yes}) = &\Pr(x^{(1)} = 35\sim 40|\text{Yes}) \times \Pr(x^{(2)} = 30\sim 40|\text{Yes}) \times \\ &\Pr(x^{(3)} = 1.70\sim 1.75|\text{Yes}) \times \Pr(x^{(4)} = \text{handsome}|\text{Yes}) \end{aligned} \quad (4\text{-}9)$$

我们接下来一项一项看。在所有感兴趣的类别中(编号为 1、3、4、6、8、10),即 25 岁以下 0 名,25～30 岁 0 名,30～35 岁 1 名,35～40 岁 3 名,40～45 岁 1 名,45～50 岁 0 名,50 岁以上 1 名。通过拉普拉斯平滑,其计数分别变成 1、1、2、4、2、1、2,其中对应 35～40 岁的数值为 4,所以

$$\Pr(x^{(1)} = 35\sim 40|\text{Yes}) = 4/13$$

类似地,在所有感兴趣的类别中,年收入 100 万元以上的 1 名,60～100 万元的 2 名,40～60 万元的 2 名,30～40 万的 0 名,20～30 万元的 1 名,10～20 万元的 0 名,10 万元以下的 0 名。

通过拉普拉斯平滑,其计数分别变成 2、3、3、1、2、1、1,其中对应 30～40 万年收入的计数为 1,所以

$$\Pr(x^{(2)} = 30 \sim 40 \mid \text{Yes}) = 1/13$$

注意，如果没有使用拉普拉斯平滑，则

$$\Pr(x^{(2)} = 30 \sim 40 \mid \text{Yes}) = 0$$

其他值是大是小都没有意义了。

在所有感兴趣的类别中，身高 1.60 米以下的 0 名，身高 1.60 ~ 1.65 米的 1 名，身高 1.65 ~ 1.70 米的 1 名，身高 1.70 ~ 1.75 米的 3 名，身高 1.75 ~ 1.80 米的 1 名，身高 1.80 米以上的 0 名。通过拉普拉斯平滑，其计数分别变为 1、2、2、4、2、1，其中对应身高 1.70 ~ 1.75 米的计数为 4，所以

$$\Pr(x^{(3)} = 1.70 \sim 1.75 \mid \text{Yes}) = 4/12$$

最后，她所有感兴趣的 6 个男生中有 4 帅、1 中、1 丑，通过拉普拉斯平滑，所对应的计数变为 5、2、2，其中"帅"对应的计数为 5，所以

$$\Pr(x^{(4)} = \text{handsome} \mid \text{Yes}) = 5/9$$

综上，我们可以得到

$$\Pr(x \mid \text{Yes}) = \frac{4}{13} \times \frac{1}{13} \times \frac{4}{12} \times \frac{5}{9} = \frac{20}{4563} \approx 0.004383 \qquad (4\text{-}10)$$

关于 $\Pr(x \mid \text{No})$，各位读者自行计算——这是可以心算的问题，计算结果如下：

$$\Pr(x \mid \text{No}) = \frac{1}{13} \times \frac{2}{13} \times \frac{3}{12} \times \frac{4}{9} = \frac{2}{2421} \approx 0.0008261 \qquad (4\text{-}11)$$

根据式(4-8)、式(4-10)、式(4-11)和先验概率

$$\Pr(\text{Yes}) = \Pr(\text{No}) = 6/12 = 0.5$$

我们可以推断出

$$\Pr(\text{Yes} \mid x) > \Pr(\text{No} \mid x)$$

因此朴素贝叶斯模型会预测她对这个男性感兴趣。

4.4 处理连续特征

在刚才的案例中，如果我们把待判定男性的年收入从 30~40 万元修改为 20~30 万，会有什么情形呢？按照直观的理解，她应该会对这个男性更不感兴趣。但是实际的计算显示，她的相对兴趣反而上升了。其实，我们只要看一下这个属性就可以做出判断。因为所有的 12 个训练对象中，只有 1 名男性收入在 30~40 万元，而该女性对这个人恰好没有兴趣。与之相对，有 2 名男性年收入在 20~30 万元，其中她对 1 名男性有兴趣，对 1 名男性没有兴趣。

仅仅从非常有限的 12 个数据对象，再加上朴素贝叶斯中的独立性假设，可以得到一个结论，就是她对年收入 20~30 万元的男性的兴趣（1/2）比 30~40 万元（0）的大——这显然是不符合常识的。造成这种偏差的原因是数据样本太少而属性可能的离散取值太多，所以落入每个离散取值中的样本数据过少，没有统计上的可信度。

我们只要将属性取值离散化，就不可避免地要考虑划分的精细度与样本数之间的关系。例如，如果用 1 cm 的精度来区分身高 1.6~1.9 米就可以分为 30 个区间，而区间一多，对于样本总数的要求就高。这时我们往往不能把属性的值看作离散值来处理（原则上所有连续值都可以离散化处理，只要区间足够小，精度也不会丧失，但是区间太多了，预测反而不精准），而要看做连续值。以上面为例，除了长得帅不帅，其他三个属性既可以划分为若干区间，从而离散化，也可以提高精度，并且当作连续值来处理。

假设数据对象的某 j 维度是连续取值的，我们要解决的问题是如何计算式 (4-7) 中的后验概率 $\Pr(x^{(j)}|C_i)$。首先，我们把所有训练对象中属于类 C_i 的找出来，看看这些数据对象第 j 个维度的值，是否可以用某个概率密度函数 f 来刻画。

如果是,那么令

$$\Pr(x^{(j)} \mid C_i) = f(x^{(j)}) \tag{4-12}$$

要想获得很好的拟合,一般需要属于类 C_i 的数据对象足够多。所以,我们至少懂了一个道理,如果样本数量 N 不足够大,干什么事儿都比较吃力。

在很多情况下,高斯分布是比较好的可以用来拟合的分布。一个均值为 μ,标准差为 σ 的高斯分布的概率密度函数可以写为

$$f(x; \mu, \sigma) = \frac{1}{\sqrt{2\pi}\sigma} e^{-\frac{(x-\mu)^2}{2\sigma^2}} \tag{4-13}$$

于是

$$\Pr(x^{(j)} \mid C_i) = f(x^{(j)}; \mu_i^{(j)}, \sigma_i^{(j)}) \tag{4-14}$$

其中,$\mu_i^{(j)}$ 和 $\sigma_i^{(j)}$ 分别是类 C_i 中所有训练对象在第 j 个维度上的取值的均值和标准差。

除了高斯分布,对数正态分布、贝努利分布等也是常被选中的。更一般化的情况下,我们可以通过核函数估计的方法来确定 f [31]。

练 习 赛

运用本章所学知识,尝试完成如下竞赛题目。

4-1 客户流失判断:判断客户是否会流失。

4-2 手写数字识别:识别灰度图片对应的数据中是哪个数字。

4-3 员工离职预测:预测哪些员工可能离职。

4-4 文本情感分析:判断网站的评论数据中的情感类别。

竞赛页面
(竞赛题目可能会不定时更新)

第5章 回 归

线性回归的最简示例

线性回归的一般形式

逻辑回归的最简示例

逻辑回归的一般形式

小结和讨论

本章将讨论数据挖掘中一种特别重要的预测方法——回归（regression），这种方法也是有监督学习算法中的一个重要成员。提起"回归"这个词，你首先想到的可能是地理上的回归现象：太阳直射点在南北回归线之间进行周期性的往返运动。在基于历史信息的数据挖掘中，数据点也有类似太阳直射点的周期性往返行为，因此我们也把这个现象称为"回归"。

"回归"这个词最早是由英国著名的生物学家和统计学家 Galton 在研究父代与子代身高关系问题时提出的[32]。Galton 收集了大量父子身高的样本数据，通过反复观察数据发现：若父代的身高超过平均值，则其子代的平均身高将低于父代的平均身高；若父代的身高低于平均值，则其子代的身高将高于平均值。即子代的身高出现了"向平均值回归"的现象。Galton 利用这些数据拟合了子代身高和父代身高之间的函数关系，我们称之为线性回归理论方程（单位为英寸）：

$$Y = 33.73 + 0.516X \tag{5-1}$$

我们可以知道：父代的身高 X 每增加一个单位的时候，其子代的身高增加 0.516 个单位。这个经验回归方程反映了父代和子代身高关系之间的"回归"效应。

在 Galton 后，无数的专家学者致力于该研究领域，发展出了成体系的回归分析的理论和方法。如今的"回归"已经应用于自然科学和社会科学的各领域，其含义早已超出原有的父代与子代身高的回归效应，但是"回归"一词仍被沿用至今。

5.1 线性回归的最简示例

我们先通过一个简单的实际例子,给各位读者展示回归分析的基本思路和方法。尽管这个例子很简单,但是一切回归分析的复杂模型在思想的本质上都没有超出这个例子。

图 5-1 给出了 2009 年北京各区微博在线注册人数取对数(以 10 为底取常用对数,后同)与北京各区当年 GDP 取对数后的关系(数据来自《北京区域统计年鉴 2010》,单位为万元,后同)。我们希望利用这些数据建立一个模型,模型的目标是解释一个区的 GDP(因变量),这个模型只依赖于唯一的变量,就是该区的微博注册人数(自变量)。如果能够建立好这个模型并假设该模型有一定的稳定度,那么第二年我们可以根据微博注册人数(这个数据容易得到)来预测这个区的 GDP 值。

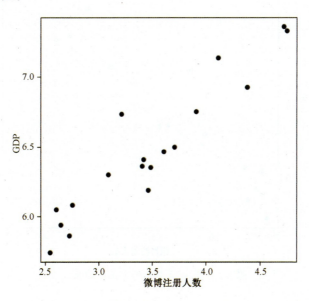

图 5-1 2009 年北京各区微博注册人数和各区当年 GDP 值之间的关系

从图 5-1 中我们可以直观感觉到，取对数后的 GDP 和微博注册人数有近似线性的关系（针对这个问题，统计上更深入的研究请参考近期刘金虎等人的工作[33]）。满足我们观察结果的最简单的模型是：

$$y = f(x) = wx \qquad (5\text{-}2)$$

极端情况下，注册人数为 0 时，该区域 GDP 值也为 0。但这和我们的常识不符合，因为不通网络也不会没有经济活动。所以我们在线性关系之上添加了一个参数，形成标准的直线表达：

$$y = f(x) = w_1 x + w_0 \qquad (5\text{-}3)$$

如图 5-2 和图 5-3 所示，根据式(5-3)，变化 w_0 和 w_1，我们可以得到不同的直线。如何在这么多条直接中找到最好的直线呢？基本的想法是：在所有的直线中，与数据中所有的点平均而言，最接近的直线就是最好的直线。衡量模型定义的直线与数据中所有点的接近程度，最普遍的方法是获取真正的 GDP 值与直线预测的 GDP 之间差的平方值——这也是我们通常所说的最小二乘法的基本思想。

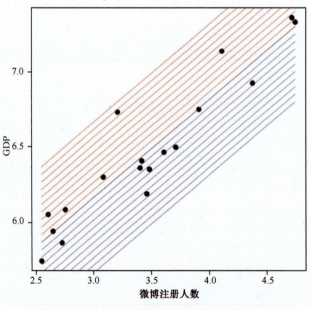

图 5-2　当 w_0 不同时得到的不同直线

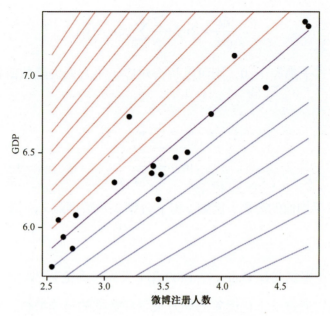

图 5-3 当 w_1 不同时得到的不同直线

用 x_i 和 y_i 分别表示第 i 区 2009 年微博的注册用户量和该区当年的 GDP 值（其中 $i=1,2,\cdots,N$，此例子中 $N=18$），此时模型定义的直线与第 i 个数据点的接近程度衡量如下：

$$L_i = (y_i - f(x_i))^2 = (y_i - (w_1 x_i + w_0))^2 \tag{5-4}$$

L_i 的值越小，表明模型与第 i 个数据点越接近。这个表达式称为平方损失函数。为了找到最好的直线，我们在整个数据集上考虑接近程度的平均值：

$$\begin{aligned} L &= \frac{1}{N}\sum_{i=1}^{N} L_i = \frac{1}{N}\sum_{i=1}^{N}(y_i - f(x_i))^2 = \frac{1}{N}\sum_{i=1}^{N}(y_i - (w_1 x_i + w_0))^2 \\ &= \frac{1}{N}\sum_{i=1}^{N}(w_1^2 x_i^2 + 2w_1 x_i w_0 - 2w_1 x_i y_i + w_0^2 - 2w_0 y_i + y_i^2) \end{aligned} \tag{5-5}$$

寻找最好的直线就是寻找最适合的 w_0 和 w_1 来产生一个模型（一条直线），使得整个模型的平均损失达到最低。显然，在平方损失函数的最小值点处，L 关于 w_0 和 w_1 的导数均为 0。对 w_1 求导数，可以得到：

$$\frac{\partial L}{\partial w_1} = \frac{2w_1}{N}\sum_{i=1}^{N} x_i^2 + \frac{2}{N}\sum_{i=1}^{N}(x_i w_0 - x_i y_i) \tag{5-6}$$

对 w_0 求导数，可以得到：

$$\frac{\partial L}{\partial w_0} = 2w_0 + \frac{2}{N}\sum_{i=1}^{N}(x_i w_1 - y_i) \tag{5-7}$$

令这两个式子都等于 0，则可以解得对应于平方损失函数值最小的最佳的 w_0 和 w_1 的值：

$$w_0 = \overline{y} - w_1 \overline{x} \tag{5-8}$$

$$w_1 = \frac{\overline{xy} - \overline{x} \cdot \overline{y}}{\overline{x^2} - \overline{x} \cdot \overline{x}} \tag{5-9}$$

其中，$\overline{}$ 是求平均值的意思，例如 $\overline{x}$ 和 $\overline{y}$ 分别表示数据点 $x_1,\cdots,x_N$ 和 $y_1,\cdots,y_N$ 的平均值。

上述运算过程其实是 Gauss 在 1809 年《天体运动论》[34]中计算星体轨道时的方法。因为它通过最小化误差的平方来寻找数据的最佳拟合，所以被称为最小二乘法。

我们根据上面的计算结果，利用北京地区 2009 微博在线注册人数和 GDP 例子的真实数据，来找到最适合这个简单数据的函数关系。表 5-1 的前 2 列给出了所有的真实数据（数据已经取过对数），我们先计算 x^2 和 xy，结果列在第 3 列和第 4 列，平均值的计算结果在最后一行。

表 5-1 北京地区微博注册用户和 GDP 真实数据

id	y	x	x^2	xy
1	5.744510467	2.546542663	6.484879537	14.62864099
2	6.052015621	2.604226053	6.781993336	15.76081675
3	5.941103282	2.646403726	7.003452682	15.72255786
4	5.864386471	2.725911632	7.430594227	15.9857993
5	6.08453946	2.754348336	7.586434754	16.75894113
6	6.301788263	3.087071206	9.53000863	19.45406909
7	6.734308631	3.211921084	10.31643705	21.63006788
8	6.362579162	3.404320467	11.58939784	21.66025847
9	6.409825128	3.417969642	11.68251648	21.9085877
10	6.190617678	3.461198289	11.97989359	21.42695531
11	6.353777788	3.484442208	12.1413375	22.1393715
12	6.466801063	3.608526034	13.02146014	23.33561999
13	6.500021196	3.70969387	13.76182861	24.11308878

续表

id	y	x	x^2	xy
14	6.752488054	3.911157609	15.29715384	26.41004503
15	7.137936473	4.11354228	16.92123009	29.36220347
16	6.926801198	4.379106005	19.1765694	30.33319672
17	7.361354201	4.719240109	22.2712272	34.739998
18	7.331234484	4.748536874	22.54860244	34.81263727
平均值	6.473116034	3.474119894	12.52916763	22.7879364

根据上述最小二乘法得到的 w_0 和 w_1 的公式，可以求得：

$$w_1 = \frac{\overline{xy} - \overline{x} \cdot \overline{y}}{\overline{x^2} - \overline{x} \cdot \overline{x}} = \frac{22.7879364 - 3.474119894 \times 6.473116034}{12.52916763 - 3.474119894 \times 3.474119894} \qquad (5\text{-}10)$$
$$= 0.65169066$$

当 w_1 的值已经得到时，容易得到 w_0：

$$w_0 = \overline{y} - w_1 \overline{x} = 6.473116034 - 0.65169066 \times 3.474119894 \qquad (5\text{-}11)$$
$$= 4.20906454$$

根据以上计算，我们得到北京市 2009 年微博在线注册人数和 GDP 之间的函数关系为：

$$y = 0.652x + 4.209 \qquad (5\text{-}12)$$

图 5-4 给出了式(5-12)直线拟合的结果，可以看到，拟合的效果非常好。

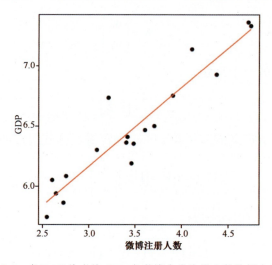

图 5-4　式(5-12)给出的 GDP 与微博在线注册人数的拟合结果

5.2 线性回归的一般形式

在实际应用场景中,影响待预测因变量 y 的属性可能不仅是一个自变量 x,而是一组属性。因此,数据点也不是 2 维的 (x_i, y_i),而是 $s+1$ 维的 $(x_{1i}, x_{2i}, x_{3i}, \cdots, x_{si}, y_i)$,其中 s 是属性的个数。比如,预测 GDP 的有效自变量肯定不只有微博注册人数,可能有某区的消费支出、投资、政府支出、净出口额等,假设用 x_1, x_2, x_3, x_4, x_5 表示这 5 个特征,一个包括多个自变量的线性回归模型可以写为

$$y = f(\mathbf{x}) = w_0 + w_1 x_1 + w_2 x_2 + w_3 x_3 + w_4 x_4 + w_5 x_5 \tag{5-13}$$

利用 5.1 节介绍的方法,我们可以得到最优的 $w_0, w_1, w_2, w_3, w_4, w_5$。但是整个推导过程非常复杂。所幸我们可以利用向量矩阵的方式来简化整个过程。有些读者可能并不熟悉矩阵和向量操作,我们先用 5.1 节中只包含 1 个自变量和 2 个权重参数 w_0 和 w_1 的例子来描述向量和矩阵形式下的线性回归模型。

如前文所述,继续用 x_i 和 y_i 分别表示第 i 区 2009 年微博的注册量和该区当年的 GDP 值。我们将 w_0 和 w_1 看成一个向量 $\mathbf{w}$:

$$\mathbf{w} = \begin{bmatrix} w_0 \\ w_1 \end{bmatrix} \tag{5-14}$$

将 x_i 和 1 组合成一个向量:

$$\mathbf{x}_i = \begin{bmatrix} 1 & x_i \end{bmatrix} \tag{5-15}$$

此时,线性模型定义的关于第 i 区的因变量表达式可以改写为

$$f(x_i) = \mathbf{x}_i \mathbf{w} = \begin{bmatrix} 1 & x_i \end{bmatrix} \begin{bmatrix} w_0 \\ w_1 \end{bmatrix} = w_1 x_i + w_0 \tag{5-16}$$

而第 i 区的平方损失可以改写为

$$L_i = (y_i - f(x_i))^2 = (y_i - \mathbf{x}_i \mathbf{w})^2 \tag{5-17}$$

考虑整个数据集，先将所有地区微博注册数的向量 $\mathbf{x}_i$ 纵向合成一个大的矩阵 $\mathbf{X}$：

$$\mathbf{X} = \begin{bmatrix} \mathbf{x}_1 \\ \mathbf{x}_2 \\ \vdots \\ \mathbf{x}_N \end{bmatrix} = \begin{bmatrix} 1 & x_1 \\ 1 & x_2 \\ \vdots & \vdots \\ 1 & x_N \end{bmatrix} \qquad \mathbf{Xw} = \begin{bmatrix} 1 & x_1 \\ 1 & x_2 \\ \vdots & \vdots \\ 1 & x_N \end{bmatrix} \begin{bmatrix} w_0 \\ w_1 \end{bmatrix} = \begin{bmatrix} w_1 x_1 + w_0 \\ w_1 x_2 + w_0 \\ \vdots \\ w_1 x_N + w_0 \end{bmatrix} \tag{5-18}$$

再将各地区的 GDP 数据点 y_i 合成向量 $\mathbf{y} = [y_1, y_2, \cdots, y_N]^\mathrm{T}$，则此时在所有数据点上的平方误差为

$$L = \frac{1}{N} \sum_{i=1}^{N} (y_i - x_i \mathbf{w})^2 = \frac{1}{N} (\mathbf{y} - \mathbf{Xw})^\mathrm{T} (\mathbf{y} - \mathbf{Xw}) \tag{5-19}$$

注意，式(5-19)得到的结果实际上对于任意维度的权重向量 $\mathbf{w}$ 都是适合的，并不仅限于 2 维（因为推导的方式与二维权重向量完全一致，可以留给读者作为练习）。所以，我们可以从式(5-19)出发，得到线性回归模型的一般形式。

为了方便后面对于权重向量的求导，我们先将式(5-19)整理成关于权重向量的二阶项、一阶项和常数项。

$$\begin{aligned} L &= \frac{1}{N} (\mathbf{y} - \mathbf{Xw})^\mathrm{T} (\mathbf{y} - \mathbf{Xw}) = \frac{1}{N} [\mathbf{y}^\mathrm{T} - (\mathbf{Xw})^\mathrm{T}](\mathbf{y} - \mathbf{Xw}) \\ &= \frac{1}{N} \mathbf{y}^\mathrm{T} \mathbf{y} - \frac{1}{N} \mathbf{y}^\mathrm{T} \mathbf{Xw} - \frac{1}{N} (\mathbf{Xw})^\mathrm{T} \mathbf{y} + \frac{1}{N} (\mathbf{Xw})^\mathrm{T} (\mathbf{Xw}) \end{aligned} \tag{5-20}$$

其中，$\mathbf{y}^\mathrm{T} \mathbf{Xw}$ 和 $(\mathbf{Xw})^\mathrm{T} \mathbf{y}$ 互为转置，且两个向量的乘积结果为标量，所以它们的结果是相同的，可以将其合并，得到如下表达式：

$$L = \frac{1}{N} \mathbf{y}^\mathrm{T} \mathbf{y} - \frac{2}{N} (\mathbf{Xw})^\mathrm{T} \mathbf{y} + \frac{1}{N} (\mathbf{Xw})^\mathrm{T} (\mathbf{Xw}) \tag{5-21}$$

对 $\mathbf{w}$ 求偏导数，当其值为 0 时，L 最小，即

$$\frac{\partial L}{\partial \mathbf{w}} = \frac{2}{N} \mathbf{X}^\mathrm{T} \mathbf{Xw} - \frac{2}{N} \mathbf{X}^\mathrm{T} \mathbf{y} = 0 \tag{5-22}$$

由式(5-22)可以得到线性回归模型在最小二乘法基础上的一般解为

$$w = (\mathbf{X}^\mathrm{T} \mathbf{X})^{-1} \mathbf{X}^\mathrm{T} \mathbf{y} \tag{5-23}$$

上式存在唯一最优解的前提是 $\mathbf{X}^\mathrm{T} \mathbf{X}$ 存在逆。

当 $\mathbf{X}^{\mathrm{T}}\mathbf{X}$ 为奇异矩阵（不满秩，不存在逆矩阵）的时候，$\mathbf{w}$ 可以有多个解，这时算法必须有一个判断标准来选择一个解。选择的标准可以根据问题的应用需求而变化，是一个"仁者见仁，智者见智"的过程。最常见的思路是应用所谓的"奥卡姆剃刀"原则，就是在所有的候选解（已经满足其他要求）中选择一个最简单的。这里的"最简单"在数学上可以理解为 $\mathbf{w}$ 矩阵的范数尽可能小，体现其稀疏性。

例如，可以把损失函数（式(5-19)）改写如下[35]：

$$L = \frac{1}{N}(\mathbf{y} - \mathbf{Xw})^{\mathrm{T}}(\mathbf{y} - \mathbf{Xw}) + \lambda \|\mathbf{w}\|_2^2 \tag{5-24}$$

其中，

$$\|\mathbf{w}\|_2^2 = \sum_{i,j} w_{ij}^2$$

或者[36]

$$L = \frac{1}{N}(\mathbf{y} - \mathbf{Xw})^{\mathrm{T}}(\mathbf{y} - \mathbf{Xw}) + \lambda \|\mathbf{w}\|_1 \tag{5-25}$$

其中

$$\|\mathbf{w}\|_1 = \sum_{i,j} |w_{ij}|$$

这种添加惩罚函数以帮助选择出"最优解"的过程一般被称为"正则化"，不同的正则化方法求解的复杂性、得到解析解的可能性、最终预测的精度都有所不同（典型的例子可以参考文献[37]），很多时候需要算法设计者的经验和多次尝试。

5.3 逻辑回归的最简示例

在 5.1 节介绍的线性回归例子中各区的 GDP 数值是连续的，但是现实生活中有很多问题的因变量只有两种取值,发生或者不发生,出现或者不出现等。这样的问题本质上是一个二分类问题,我们往往使用数字编号 0 和 1 加以区分。

本节先从最简单的情况出发,就是只有一个自变量 x。我们考虑一个银行信贷风险评估数据(读者可以从网址 http://www.pkbigdata.com/common/share/72.html 免费下载数据)。这个数据集有 2448 个用户,其中第 1 列是用户的年龄,第 2 列是是否出现了信用贷款违约——违约记为 1,未违约记为 0。信贷风险和年龄之间的关系如图 5-5 中的黑点所示,实线是基于最小二乘法的拟合结果。

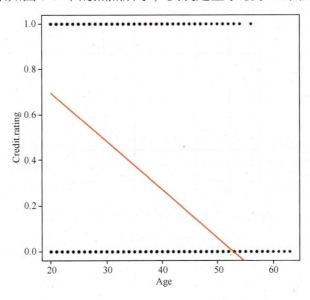

图 5-5　直接用线性回归方程拟合信贷是否违约和申请贷款者年龄之间的关系

我们直接使用线性回归模型(式(5-4))进行建模,数据拟合的效果如图 5-5 中的实线所示。这种"匪夷所思"的拟合效果当然不是我们想要的。因为适用于拟合连续数值的模型并不适合 0/1 离散取值。为了解决这个问题,我们需要换一种思维,用发生概率替换粗暴的 0 和 1。

如果用 c 表示信贷风险类别,$c=1$ 是有违约,$c=0$ 是没有违约。我们引入一个信贷违约概率 t,如果 $t>0.5$,则设定 $c=1$,如果 $t<0.5$,则设定 $c=0$,如果 t 恰好等于 0.5(这种情况在连续概率中实际不会发生),则可以取 $c=1$ 或 $c=0$。不失一般性,假设线性回归方程(式(5-4))的预测值为

$$y = w_1 x + w_0 \geq 0$$

则对应 $c=1$，反之 $c=0$。于是，当 $y>0$ 时要保证 $t>0.5$，反之亦然。

最简单的函数形式可以是阶跃函数（如图 5-6 中的虚线所示）：

$$t = \begin{cases} 1, & y \geq 0 \\ 0, & y < 0 \end{cases} \tag{5-26}$$

显然，拟合这样的分段函数不是线性回归模型所擅，如果霸王硬上弓，就会出现图 5-5 的效果。

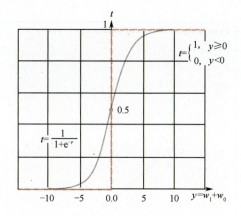

图 5-6 阶跃函数与对数几率函数形态对照

一个很好的连续的替代函数就是所谓的对数几率函数（Logistic Function）

$$t = \frac{1}{1 + e^{-y}} \tag{5-27}$$

如图 5-6 中的实曲线。

于是，回归模型变为了

$$t = \frac{1}{1 + e^{-(w_1 x + w_0)}} \tag{5-28}$$

这就是著名的逻辑回归（Logistic Regression）[38]。将这个式子略作变化（求 $w_1 x + w_0$ 的解），可以得到

$$\ln\left(\frac{t}{1-t}\right) = w_1 x + w_0 \tag{5-29}$$

其中，t 是信贷违约发生的概率，$1-t$ 是不违约的概率，$t/(1-t)$ 就是事件发生（$c=1$）

与事件不发生（c=0）的比例，也就是说，式(5-29)左边实际上是一个对数几率函数。实际上，逻辑回归最适宜的翻译应该是"对数几率回归"，而"逻辑"容易让人误解其中有与逻辑学有关的内容。实则不然，逻辑最恨几率！

根据式(5-29)，一个简单直观的想法（即大多数教材中采用的方法）就是通过因变量的变换直接转化为一个线性回归问题来处理。比如，把 x 看成年龄，我们只需计算对应某个 x 的所有信贷者出现违约的数目除以没有出现违约的数目，再取对数，就得到对应的因变量值。用最小二乘法拟合年龄和这个变换后的因变量就可以得到简单基于式(5-29)的回归结果。

下面给出一个示例：2448 个人信贷的风险记录，其中 0 表示没有违约，1 表示有违约，这些人的年龄跨度是 20～57 岁。原始数据及详细的数据说明可以从以下链接免费下载和阅读：http://www.pkbigdata.com/common/share/72.html。

我们先将 2448 人按照不同年龄分成 38 个组（如表 5-2 所示），其中 x 代表自变量（年龄），n 是人数，t 是信贷违约发生的概率，$t' = \ln\left(\dfrac{t}{1-t}\right)$ 是式(5-29)的左半部分。

表 5-2 按照年龄归组的数据表格和中间计算结果

x	$n(c=0\|x)$	$n(c=1\|x)$	$n(x)$	$t = \dfrac{n(c=1\|x)}{n(x)}$	t'
20	6	30	36	0.8333	1.6094
21	24	58	82	0.7073	0.8824
22	24	55	79	0.6962	0.8293
23	21	71	92	0.7717	1.2182
24	34	55	89	0.6180	0.4810
25	33	57	90	0.6333	0.5465
26	39	50	89	0.5618	0.2485
27	44	63	107	0.5888	0.3589
28	68	53	121	0.4380	-0.2492
29	43	55	98	0.5612	0.2461

续表

x	$n(c=0\|x)$	$n(c=1\|x)$	$n(x)$	$t=\dfrac{n(c=1\|x)}{n(x)}$	t'
30	53	48	101	0.4752	-0.0991
31	52	47	99	0.4747	-0.1011
32	54	38	92	0.4130	-0.3514
33	73	39	112	0.3482	-0.6269
34	63	44	107	0.4112	-0.3589
35	60	29	89	0.3258	-0.7270
36	62	33	95	0.3474	-0.6306
37	37	28	65	0.4308	-0.2787
38	60	28	88	0.3182	-0.7621
39	74	23	97	0.2371	-1.1686
40	61	18	79	0.2278	-1.2205
41	61	24	85	0.2824	-0.9328
42	53	11	64	0.1719	-1.5724
43	50	11	61	0.1803	-1.5141
44	37	14	51	0.2745	-0.9719
45	39	5	44	0.1136	-2.0541
46	35	5	40	0.1250	-1.9459
47	37	9	46	0.1957	-1.4137
48	31	5	36	0.1389	-1.8245
49	22	1	23	0.0435	-3.0910
50	18	2	20	0.1000	-2.1972
51	17	2	19	0.1053	-2.1401
52	9	3	12	0.2500	-1.0986
53	11	1	12	0.0833	-2.3979
54	10	2	12	0.1667	-1.6094
55	2	2	4	0.5000	0.0000
56	13	1	14	0.0714	-2.5649
57	7	1	8	0.1250	-1.9459

按此直接进行线性回归拟合,可以得到拟合结果如下:

$$t' = 3.0453305x - 0.1024469 \qquad (5\text{-}30)$$

其对应的效果如图 5-7 中的实线所示,相比图 5-5,明显更加合理。

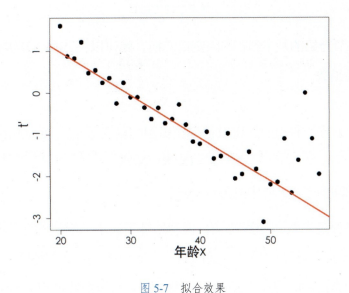

图 5-7 拟合效果

5.4 逻辑回归的一般形式

5.3 节提到信贷风险和年龄之间的例子中，影响预测因变量 t 的属性只有年龄，这时我们可以方便地通过因变量变换得到最终的直线方程。然而在实际应用场景中，影响因变量取值的自变量可能有 $s>1$ 个，所以每个数据点 $(x_{1i}, x_{2i}, x_{3i}, \cdots, x_{si}, c_i)$ 都是 $s+1$ 维的。此处，c_i 是第 i 个数据点的因变量取值，一般只有 0 或 1 两个值。

一个包含众多影响因素的逻辑回归方程可以表示为：

$$t = \frac{1}{1+e^{-(w_1 x_1 + w_2 x_2 + \cdots + w_s x_s + w_0)}} \tag{5-31}$$

其中，$t = P(c=1|x_1, x_2, \cdots, x_s)$ 是在 N 个数据点中当各属性的值恰为 $(x_1, x_2, \cdots, x_s)$ 的情况下二分类变量 $c=1$ 的概率，其中需要确定的参数 $(w_0, w_1, \cdots, w_s)$ 也有 $s+1$ 个。利用 5.2 节中提及的线性回归的矩阵形式，我们可以将式(5-31)进行简化，得到：

$$t = \frac{1}{1+e^{-\mathbf{Xw}}} \tag{5-32}$$

通过 5.3 节介绍的从 t 到 t' 的因变量变换，就可以把式(5-32)转化成关于影响因素的线性函数：

$$t' = \mathbf{Xw} \tag{5-33}$$

再根据 5.2 节中的知识，可以得到逻辑回归基于最小二乘法下的一般解为：

$$\mathbf{w} = (\mathbf{X}^T\mathbf{X})^{-1}\mathbf{X}^T t' \tag{5-34}$$

当 $s=1$ 时，就回到了 5.3 节中的最简形式。

以上思路都是先做因变量变换，再利用基于最小二乘法的评价指标进行优化。但实际上，这里处理的是二分类问题，最简单的一种评价回归结果的方式就是看每个点分类正确的概率有多大。假设某回归算法把数据点 x_i 分类为 y_i，如果 $y_i = 1$，则这个分类正确的概率为

$$t_i = P(c=1 | \mathbf{x} = \mathbf{x}_i)$$

就是各维度属性和第 i 个数据点相同的所有数据点中类别为 1 的比率；如果 $y_i = 0$，分类正确的概率为 $1 - t_i$。因此，所有 N 个数据点分类都正确的似然为：

$$L'(\mathbf{w}) = \prod_{i=1}^{N} t_i^{y_i}(1-t_i)^{1-y_i} \tag{5-35}$$

为了便于计算，对式(5-35)取对数，可以得到对数似然为：

$$L(\mathbf{w}) = \sum_{i=1}^{N}[y_i \ln t_i + (1-y_i)\ln(1-t_i)] \tag{5-36}$$

最大化式(5-36)就是我们常说的最大似然法，常用的方法包括随机梯度下降、拟牛顿法等求取 $-L$ 的最小值[39]。

利用 5.3 节中的信贷风险数据和最大似然法，得到的拟合方程为

$$t' = 3.0129517x - 0.1015163 \tag{5-37}$$

该结果与式(5-30)相近但有所不同。通常而言，在使用逻辑回归的时候，最大似然法的应用更为广泛，对未知数据的预测效果也更好，因为大多数情况下，最终判断对未知数据的预测精度是看分类是否正确，而不是看每个数据点到分

类界面的距离。最大似然的方法在这种二分类问题中要自然得多。

当然，这也不是绝对的，不同数据集中不同方法谁表现更好，很可能并不相同。

5.5　小结和讨论

回归分析思路虽然简单，却是功能特别强大的一种工具。实际上，现在很多非常先进的大规模人工智能应用，其核心算法都是广义线性回归。下面从 4 方面进一步讨论回归算法的一些问题。

首先简单谈谈回归方法发展的历程。如图 5-8 所示，在 Galton 后，有无数的学者致力于回归问题的研究：逐渐从强约束条件下的线性回归，推广到非线性回归，建立广义线性模型（逻辑回归是应用最广泛的广义线性回归模型）；为了克服参数回归模型的限制框架，发展出了非参数回归；为了克服非参数回归模型的"维度灾难"，发展出了可加模型、变系数模型、部分变系数模型和广义模型等[40]。其中，参数回归模型是我们接触最多的回归模型，也是本章重点介绍的回归模型。

其次谈谈线性回归方法潜在的约束条件。为了方便读者快速理解线性回归方法的精髓，我们没有花太多笔墨讨论线性回归方法的约束条件。实际上，线性回归具有很强的约束条件。一方面，它要求影响因素和因变量之间呈线性关系；另一方面，它要求观测值是没有系统误差，这样才能保证系统的稳定。通过有意识地去除由观测变量引起的随机误差，一般可以提高回归模型的准确性[41]。

再次谈谈回归方法的局限性。在本章的两种典型的参数回归模型中，我们都假定因变量与影响因素之间的关系已定，只有参数未知。但是在实际系统中，

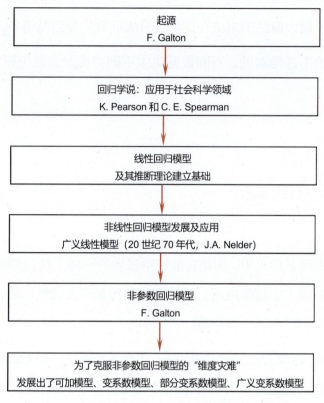

图 5-8 回归方法的发展历程

如此简单的函数关系基本上是不可能的,因此尽管我们可能得到一些在统计检验的角度下来看比较显著的关系,但是实际的关系并非如此。如何在回归方法的大框架下直接学习因变量与自变量之间的函数关系是最近一个很有前景的前沿挑战[42]。

最后谈谈对回归分析的误解。回归模型可以有效地帮助我们分析两个或若干事物之间的联系。在 5.1 节中,我们利用线性回归模型分析了北京市 2009 年各区的 GDP 与当年各区微博在线注册人数之间的关系。但是这种相关关系(如北京市 2009 年微博在线注册人数越多,该区的 GDP 越高)并不一定表示两者之间有因果关系。这就是统计学上常说的相关不蕴涵因果。实际上,两个没有因果关系的变量出现了明显的相关关系,可能是基于其他未发现的因果关系,如信息通信技术的发展同时导致了微博在线注册人数的上升和经济的发展。尽管利用相关关系,特别是同时利用多个相关关系,也能进行很高精度的预测,但这种相关关系不能用来做干预，如我们不可能通过一个提升微博注册用户数的专项项目来提高地区 GDP。这些相关关系还可能被一些别有用心的人或者爱开玩笑的科学家利用，导致一些离谱的预测。例如，Google 可以通过搜索关键词记录来预测流行性感冒的发病率[43]，推特上用户的情绪也可以被用来预测股票收益[44]，但这之间没有直接的因果关系，所以可以通过用机器人有针对性地假装搜索一些和流感有关的关键词或假装发表大量关于某些股票的正面或负面消息，引导算法做出完全错误的预测[45]。

练 习 赛

运用本章所学知识，尝试完成如下竞赛题目。

5-1　租金预测：预测某城市房屋的租金价格。

5-2　房价预测：预测某城市房屋的销售价格。

5-3　空气质量预测：预测某地区的空气质量。

竞赛页面
（竞赛题目可能会不定时更新）

第 6 章 决策树

构建决策树

经典决策树：ID3、C4.5 和 CART

连续值、缺失值和剪枝

小结和讨论

对于现实生活中的复杂问题，由于影响决策的因素较多、相互之间的关系复杂等原因，人们经常有意或无意地采用多阶段决策法来解决这些问题。多阶段决策法把决策问题看作一个前后关联的具有链状结构的多阶段过程，并且各阶段间具有时间上的先后顺序。决策者需要做出时间上有先后之别的多次决策，并最终将多次决策的结果汇总成对当前问题的最终决策。这种过程的一种最自然的表达方式就是决策树。对于简单的问题，基于知识和经验，我们可以人工构建决策树，但是对于一些包含大量数据和影响因素的复杂问题，人工构建决策树的方法是不可行的。本章介绍的决策树算法可以通过自动化的、智能的方法找出数据中各因素与决策结果之间的复杂关系，从而自动地构建针对当前问题的决策树。

决策树算法在 20 世纪 70 年代被提出，受到学术界和工业界的长期青睐。在 2006 年举办的 ICDM（IEEE International Conference on Data Mining）会议上选出了十大数据挖掘算法[9]，其中决策树算法 C4.5[46]和 CART[47]都入选了。本章将着重介绍这两种算法。目前，决策树算法已经广泛应用于雷达信号分类、字符识别、医疗诊断、垃圾邮件与作弊网页识别、个性化推荐、语音识别等领域。

6.1 构建决策树

我们可以把"决策"看作有限个类别的分类问题，如是否接受一位异性的表白,成为他/她的朋友,这个"是"或"否"的决策等价于把所有可能向你表白的异性分成两个类:对于 A 类的异性,你的回答是"Yes, I do",而对于 B 类的异性,你的回答是"你是一个好人,不过现在我们的第一要务是搞好学习,为民族复兴做准备,所以……"。

一棵决策树有三类节点:一个根节点、若干内部节点和若干叶子节点。其中,根节点包含所有待分类的数据样本,代表初始状态。每个内部节点代表一次决策(因此又被称为决策节点),而每个叶子节点是一个决策的结果。

内部节点包含一个数据集 D 和一个对该数据集中数据样本属性的测试 T。根据测试的结果,该数据集将被划分成若干互不相交的子集,每个子集会成为一个节点,且是原数据集对应节点的子节点。

例如,针对表 4-1 中的"长相"属性,一个测试"帅不帅"会把原来的集合分成 2 个不相交的子集,其中一个子集的"长相"属性取值为"帅",另一个子集的"长相"属性取值为"中"或者"丑";类似地,"长相如何"测试会把原来的集合分成 3 个不相交的子集,其中每个子集对应"长相"属性的一个不同离散取值。实际上,所谓"测试",就是划分集合的一种方式,最常见的方法是针对离散取值的属性,每个属性取值都对应一个子集。实际的应用中有很多变化的方式,如:可以把有 m 个取值的属性划分成少于 m 的子集;可以同时就多个属性进行测试,如"是否不丑且年收入在 40 万元以上";还可以针对连续取值的属性,将其划分成 2 个或多个区间。

如果一个节点中所有的数据样本可以划分到一个类别(往往不是完美的,但是近似上可以接受),这个节点就是所谓的叶子节点,对应一个决策结果。叶子节点包含一个数据集 D 和一个类标签 C,该类别标签就是决策。任何一个新输入,如果按照决策树规则最后落入这个叶子节点,那么它的类别就是 C。

图 6-1 是一棵决策树的示意图,其面临的问题是银行是否同意客户进行汽车按揭贷款,其中决策有两种:放贷和不放贷。名为"客户"的是根节点,菱形

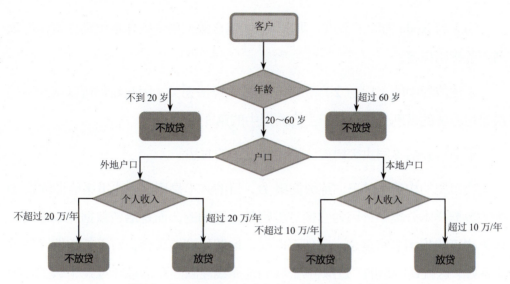

图 6-1 银行决定是否给客户汽车消费贷款的决策树

节点是内部节点,矩形节点是叶子节点。

决策树生长算法需要解决的问题是给定一个训练集 D,包含了若干数据样本和每个数据样本所属的类别标签,如何生长出一棵可以对新数据进行分类的决策树。决策树生长算法需要回答以下 3 个问题:

❖ 对于任意节点,如何确定其是内部节点还是叶子节点?
❖ 若某节点为内部节点,如何选择测试 T,将数据进行划分并生成新的子节点?
❖ 若某节点为叶子节点,如何确定其类别标签?

与之对应,一个通用的决策树生长算法一般包括以下 4 个步骤:

(1)建立包含数据集 D 的新节点 Node,称 Node 为根节点。

(2)确定节点 Node 为内部节点还是叶子节点。若 Node 包含的数据集中的样本属于不同类别,则 Node 为内部节点;反之,Node 为叶子节点。

(3)若 Node 为内部节点,则构建一个测试 T,并利用测试 T 将数据 Node 节点的数据集划分为 m 个不相交的子集,依次为每个子集的数据集重复该生长算法流程。

（4）若 Node 为叶子节点，则以 Node 包含数据集中的样本类别标签作为该节点的类别标签。

上述流程中的（1）、（2）和（4）与具体算法无关，因此我们可以认为不同决策树算法的区别仅仅存在于上述流程中的第 3 步。

下面将介绍不同决策树算法构建测试 T 的方法。

决策树的构建是基于训练数据集 D，目的并不是用这个决策树给训练集 D 中的数据样本分类——因为它们的类别都是已知的，而是给新数据样本分类。如果决策的规则非常复杂，即便可以很好地解释训练集合，对于新数据往往效果不好，这就是所谓的"过拟合"。我们选择线性回归而不是针对 N 个数据点用 $N-1$ 阶多项式去完美拟合，或者从实验数据中学习物理方程的时候不选用复杂多项式或三角级数（反而在优化中给复杂的表达式扣分）[3]，都是为了避免学习的模型太过复杂。

一般而言，越是复杂的模型，过拟合越严重，解释新数据的能力越差。粗糙地讲，节点越多的决策树的模型复杂度越高，因为拥有越多节点的决策树其对应的判别规则也越复杂。解决模型过拟合的主要思想来自"奥卡姆剃刀原则"：如果存在多种方法能解释同一现象，那么使用最简单的那个。从算法的语言来说，如果多个模型在训练集上获得的效果相当，那么优先选择最简单的那个模型。

决策树构建完成后一般需要一个剪枝的过程，来降低复杂度、避免过拟合，其实质就是从训练完成的决策树中寻找一棵子树（子树显然复杂性更低），期望该子树能在训练集上表现出与原树相当的效果。后面会介绍一些简单但效果不错的剪枝算法。

6.2 经典决策树：ID3、C4.5 和 CART

对于一个当前数据集为 D 的内部节点，如果一个测试把它分为 m 个子集，且每个子集都只有一个类别标签（都成为叶子节点），那就大功告成了！可惜往往没有这样的好事儿，所以我们需要对每次划分的效果进行量化。信息熵[48]是一种最自然想到的度量一个节点的数据集是否纯净的指标。简单来讲，信息熵是系统有序化程度的一个度量——若系统越有序，则信息熵越低；若系统越无序，则信息熵越高。对于我们关心的数据集纯净度的问题，数据集中的类别标签的分布越均匀，则其信息熵越高（即越无序）；数据集中的类别标签的分布越单一化，则其信息熵越低（即越有序）。因此，信息熵越低，说明数据集的纯净度越高。最高纯净度就是只有一个类别标签，这样的节点就可以荣升为叶子节点。

给定数据集 D，其类别标签集合为 $Y = \{1, 2, \cdots, K\}$。记 Y_i 为数据集 D 中类别标签属于 i 类的样本集合，其数量记为 $|Y_i|$，则

$$\sum_{i=1}^{K} |Y_i| = |D|$$

其中，$|D|$ 为数据集 D 的大小。数据集 D 的信息熵定义为：

$$\text{Info}(D) = -\sum_{i=1}^{K} \left(\frac{|Y_i|}{|D|} \times \log_2 \frac{|Y_i|}{|D|} \right) \tag{6-1}$$

下面先考虑最简单也是最常见的情况：数据样本所有的特征都是离散取值的，且一个测试只能针对某单一特征，并且按照数据样本在这个特征上的所有 m 个可能取值将其分为 m 类。6.1 节中提到的"帅不帅""是否不丑且年收入在 40 万元以上"这类更复杂的测试在这里先不考虑。

假设某特征 a 共有 m 个可能取值，我们用特征 a 构建测试 T 将数据集 D 划分为互不相交且完备的子集 $D_1, D_2, \cdots, D_m$，那么所有子集的加权信息熵为

$$\text{Info}(D, a) = \sum_{i=1}^{m} \left(\frac{|D_i|}{|D|} \times \text{Info}(D_i) \right) \tag{6-2}$$

于是，用特征 a 对数据集 D 进行划分得到信息增益为

$$\text{Gain}(D, a) = \text{Info}(D) - \text{Info}(D, a) \tag{6-3}$$

若 $\text{Gain}(D, a)$ 越大，则认为特征 a 对当前数据集 D 划分后得到的子集越纯

净。为了简单，后文中我们将称 $\text{Gain}(D,a)$ 为特征 a 对数据集 D 的信息增益。为了让划分后各子集的数据尽可能更纯净，给定待划分的数据集和可选特征集，ID3 每次选择能够使信息增益达到最大的特征 a^*（最优特征）来划分数据集[49]。

表 6-1 给出了一个假想的相亲网站上某男性是否对潜在相亲对象感兴趣的列表。为了简单起见，假设我们从根节点（包含所有数据项，计原数据集为 DS）出发，可以用来划分的特征选项只有"学历"和"风格"，下面给出选择最优特征的计算示例。在原数据集 DS 中有 17 个样本属于类别"喜欢"，14 个样本属于类别"不喜欢"，使用式(6-1)，数据集 DS 的信息熵为

$$\text{Info}(DS) = -\frac{17}{31} \times \log_2\left(\frac{17}{31}\right) - \frac{14}{31} \times \log_2\left(\frac{14}{31}\right) = 0.991 \quad (6\text{-}4)$$

使用特征"风格"把数据集划分成 3 份，划分后的 3 个子集的信息熵分别为

$$\text{Info}(S_1) = -\frac{6}{16} \times \log_2\left(\frac{6}{16}\right) - \frac{10}{16} \times \log_2\left(\frac{10}{16}\right) = 0.958 \quad (6\text{-}5)$$

$$\text{Info}(S_2) = -\frac{7}{8} \times \log_2\left(\frac{7}{8}\right) - \frac{1}{8} \times \log_2\left(\frac{1}{8}\right) = 0.544 \quad (6\text{-}6)$$

$$\text{Info}(S_3) = -\frac{4}{7} \times \log_2\left(\frac{4}{7}\right) - \frac{3}{7} \times \log_2\left(\frac{3}{7}\right) = 0.986 \quad (6\text{-}7)$$

3 个子集的加权信息熵为

$$\text{Info}(DS, style) = \frac{16}{31} \times \text{Info}(S_1) + \frac{8}{31} \times \text{Info}(S_2) + \frac{7}{31} \times \text{Info}(S_3) = 0.857 \quad (6\text{-}8)$$

特征"风格"（公式中用 style 指代）对数据集 DS 的信息增益为

$$\text{Gain}(DS, style) = \text{Info}(DS) - \text{Info}(DS, style) = 0.134 \quad (6\text{-}9)$$

采用同样方法计算特征"学历"对数据集 DS 的信息增益为 0.057。

因为特征"风格"对数据集 DS 的信息增益大于特征"学历"对数据集 DS 的信息增益，因此选择特征"风格"为最优特征对数据集进行划分。

表 6-1 相亲网站上某男性对潜在相亲对象的兴趣

编号	年龄	身高（cm）	体重（kg）	学历	胸围（cm）	腰围（cm）	臀围（cm）	风格	喜欢否
1	32	168	50	专科	81	56	81	成熟	喜欢
2	33	162	52	本科	83	61	89	性感	不喜欢
3	35	173	54	硕士	86	60	91	性感	喜欢
4	26	168	45	专科	81	58	86	甜美	喜欢
5	30	165	43	专科	80	62	91	甜美	不喜欢
6	26	168	44	本科	81	54	86	甜美	喜欢
7	25	169	47	本科	71	63	82	性感	喜欢
8	34	172	43	本科	75	59	71	成熟	不喜欢
9	31	166	50	专科	88	60	88	性感	喜欢
10	33	163	45	本科	88	65	77	成熟	喜欢
11	30	170	48	本科	83	60	84	甜美	喜欢
12	28	167	44	本科	74	62	89	成熟	喜欢
13	34	170	48	本科	75	60	88	成熟	喜欢
14	33	169	45	专科	86	59	83	成熟	喜欢
15	35	175	54	本科	86	60	89	性感	喜欢
16	30	169	51	专科	89	61	88	性感	喜欢
17	25	167	50	本科	81	60	83	甜美	喜欢
18	35	172	52	本科	80	64	90	成熟	不喜欢
19	28	171	48	本科	83	69	94	性感	喜欢
20	25	163	47	本科	80	62	85	性感	喜欢
21	34	166	46	本科	78	69	85	成熟	不喜欢
22	35	152	76	本科	88	70	94	成熟	不喜欢
23	32	145	38	本科	81	60	90	成熟	不喜欢
24	35	166	70	本科	90	72	90	成熟	不喜欢
25	26	160	47	本科	81	75	82	甜美	不喜欢
26	33	175	50	本科	86	70	88	成熟	喜欢
27	35	165	48	本科	81	65	85	成熟	不喜欢
28	40	169	50	本科	85	70	88	成熟	不喜欢
29	35	168	48	本科	86	68	82	成熟	不喜欢
30	40	163	47	专科	80	65	75	成熟	不喜欢
31	33	169	48	本科	85	72	86	甜美	不喜欢

ID3 算法在进行特征选择时使用的信息增益准则存在一种很强的偏好：取值越多的离散特征越容易被 ID3 算法选择为最优特征。因为取值多了，每个取值对应的样本子集规模就小，因此更容易变得纯净。举个极端的例子，如果在表 6-1 中，"编号"可以作为一个特征，那么 ID3 算法会在第一步就分裂出 31 个节

点，每个节点都是纯净的（因为其中只有一个样本，要么"喜欢"，要么"不喜欢"），整个决策树的构建也就结束了。

C4.5 算法的提出，就是为了在 ID3 算法的基础上，避免算法倾向于优先选择取值更多的离散特征。C4.5 算法用来选择特征的主要指标是信息增益率，而不是信息增益。给定数据集 D，假设某特征 a 共有 m 个可能取值，我们可以用特征 a 构建测试 T 将数据集 D 划分为互不相交且完备的子集 $D_1, D_2, \cdots, D_m$。

定义特征 a 划分数据集 D 的分裂信息熵为

$$IV(D,a) = -\sum_{i=1}^{m} \left(\frac{|D_i|}{|D|} \times \log_2 \frac{|D_i|}{|D|} \right) \tag{6-10}$$

注意，计算分裂信息熵不需要知道数据点所属的类别。若当前划分的信息增益为 $Gain(D,a) = Info(D) - Info(D,a)$，则对应的信息增益率为

$$GainRatio(D,a) = \frac{Gain(D,a)}{IV(D,a)} \tag{6-11}$$

显然，信息增益率看的是相比特征 a 对数据集 D 进行划分固有的信息熵所获得的信息增益。如果离散特征 a 的取值特别多，那么 $IV(a)$ 的值一般比较大，所以这个方法总体上是惩罚了取值比较多的特征。

C4.5 决策树在做生长选择的时候，既会考虑信息增益率，也会考虑信息增益。信息增益太少的方案，也是不受待见的！

一种简单并常用的方法是，从所有使得划分后的信息增益大于平均信息增益的特征中选择信息增益率最大的特征作为最优特征[46]。

CART 决策树最早提出来的时候是为了处理连续特征[47]——对于连续取值的某特征 b，CART 会选择一个最合适的值 Q，将数据集分成在特征 b 上取值不超过 Q 和大于 Q 的两部分。因为数据集每次都被分为两类，所以 CART 决策树最早都是二叉树。这部分内容在 6.3 节中会详细介绍。本节介绍的 CART 主要用于处理离散型特征，因此不强制要求必须是二叉树。

与 ID3 和 C4.5 算法相比，CART 最大的不同是采用基尼指数（这个指数实际上最早由 Hirschman 提出[50]）来度量数据集的纯净度。与 ID3 类似，给定数据集 D，其类别标签集合为 $Y = \{1, 2, \cdots, K\}$，记 Y_i 为数据集 D 中类别标签属于 i 类的样本集合，其数量记为 $|Y_i|$，则

$$\sum_{i=1}^{K} |Y_i| = |D|$$

其中，$|D|$ 为数据集 D 的大小。数据集 D 的基尼指数定义为

$$\text{Gini}(D) = 1 - \sum_{i=1}^{K} \left(\frac{|Y_i|}{|D|}\right)^2 \tag{6-12}$$

假设某特征 a 有 m 个可能取值，我们用特征 a 构建测试 T，将数据集 D 划分为互不相交且完备的子集 $D_1, D_2, \cdots, D_m$，那么划分后的基尼指数为各集合基尼指数的加权求和：

$$\text{Gini}(D, a) = \sum_{i=1}^{m} \frac{|D_i|}{|D|} \text{Gini}(D_i) \tag{6-13}$$

CART 决策树在做生长选择的时候会选择使划分后的基尼指数最小的那个特征。

最初的 CART 因为是约束在一个二叉树上，所以对于某个待划分的特征 a，如果是离散取值，往往会分成两类：取值等于某特定值 q 的集合 D_1，取值不等于某特定值 q 的集合 D_2。这样得到的划分的基尼指数为

$$\text{Gini}(D, a, q) = \frac{|D_1|}{|D|} \text{Gini}(D_1) + \frac{|D_2|}{|D|} \text{Gini}(D_2) \tag{6-14}$$

6.3 连续值、缺失值和剪枝

对连续型特征的处理实质是寻找一个分割点，将连续型特征的取值范围划

分为以分割点为界的左右两部分,从而达到对连续型特征离散化的目的。为了寻找连续特征 b 的最优分割点,以其在数据集 D 中所有的取值形成候选集 S;然后依次以 S 中的值作为分割点(取值不超过分割点的作为一个集合,其他的作为另一个集合),对数据集进行划分;再按照决策树类型选择相应指标对分割进行评价,如在 ID3 决策树的框架下,可以选择使信息增益达到最大的点作为特征 b 的最优分割点。

如果一个特征本来是离散特征,我们也可以把它看作连续特征,按照连续值来进行处理。这样的好处是一些离散特征本身就是数值的,而且数值接近往往性状相似,这时如果离散取值太多,每个类别中的数据点太少,反而容易造成很大的误差,不如把一些取值相近的放在一起减少误差。例如,表 6-1 中的 "年龄" 就可以按照连续取值来处理。当然,不是所有的离散类型的特征都能够连续化,因为有些特征不是数值型的,如性别、颜色、风格等就不能连续化。

下面以表 6-1 的数据集 DS 中的特征 "年龄" 为例,说明其最优分割点的计算过程。先确定特征 "年龄" 在该数据集上的所有可能取值:{25, 26, 28, 30, 31, 32, 33, 34, 35, 37, 40},再依次以这些点为分割点计算其带来的信息增益。

以分割点 "31" 为例,把 DS 分成年龄不超过 31 岁和年龄大于 31 岁的两个子集,其编号分别为 D_1={4, 5, 6, 7, 9, 11, 12, 16, 17, 19, 20, 25} 和 D_2={1, 2, 3, 8, 9, 10, 13, 14, 15, 18, 21, 22, 23, 24, 26, 27, 28, 29, 31}。计算得到该划分对数据集 DS 的信息增益为 0.1597。

以类似的方式,对特征 "年龄" 的所有可能分割点计算其带来的信息增益,得到如表 6-2 所示的结果。因为表 6-2 中最大的信息增益为 0.1597,所以选择 31 作为特征 "年龄" 的分割点。

表 6-2 特征 "年龄" 的所有分割点对数据集 DS 的信息增益

分割点	25	26	28	30	31	32	33	34	35	37
信息增益	0.0900	0.0619	0.1202	0.1241	0.1597	0.1066	0.1249	0.0869	0.001	0.0145

与离散特征不同的是，如果当前节点是按照连续特征方式划分的，其子集还可以进一步按照这个特征划分。例如，上述集合 D_2 是年龄大于 31 岁的所有数据点，还可以按照年龄不超过 34 岁和年龄大于 34 岁进一步划分成两个数据集。

在真实应用中还有一个常见的问题，就是数据中有相当一部分样本是不完整的。特别是当特征属性很多的时候，一个样本很可能在一个或者多个特征属性上缺少信息。如果简单粗暴地抛弃这些样本，那么很多有价值的信息也会随之消失。处理这种缺失值的办法是针对某特征 a 进行划分时，在这个特征上取值缺失的样本将被划分到所有集合中，但是所代表的权重会变小。

具体的实现方式很多，下面举一个最简单也是最常用的办法[46]。初始的时候，令所有数据样本的权重都是 1。假设下面划分集合 D，对于待评估的特征 a，记该特征上无缺失值的样本占集合 D 中总样本数的比例为 p。将集合 D 按照特征 a 进行划分，以 ID3 决策树为例，其信息增益为：

$$\text{Gain}(D,a) = p \times \text{Gain}(D',a) \tag{6-15}$$

其中，D' 是指集合 D 中在特征 a 上有取值的子集合。

注意，在计算过程中，每个划分后的子集合对于信息增益的贡献正比于该集合中所有样本的权重之和。类似可以计算信息增益率和基尼指数，不再赘述。

按照 ID3 决策树的生长规则，在节点 D 上会选择使其信息增益最大化的特征 a 进行划分。对于 D 中任何一个样本 x，若 x 在特征 a 上有取值，则正常划入该取值对应的子集合，权重 w_x 不变；若 x 在特征 a 上是缺失值，则将 x 分到下面所有的子节点中，其权重要分别乘以一个衰减因子，就是对应子节点中所有在特征 a 上有取值的样本点权重之和除以 D' 中所有样本权重之和。这样，每个样本如果在某次划分后被分到多个子节点，其权重之和依然等于被划分前的权重。

剪枝是构建决策树的一种常见甚至可以说必要的措施，其目的是去掉一些决策树的分支从而避免过拟合。一般，决策树剪枝的策略可以分为两类：一是预剪枝，指在决策树生成过程中对每次划分进行评估，只有当本次划分会提高当前决策树的学习性能也就是提高对未知数据的预测准确度时，这个划分才会被执行；二是后剪枝，指先利用训练数据生成一棵完整的决策树，然后自底向上对非叶子节点进行考察，如果将该节点替换为叶子节点能够提高当前决策树的学习性能，那么收缩掉它所有的分支，把它变为一个叶子节点。下面介绍三种比较有代表性的剪枝算法。

留出法

留出法是把已知的数据随机划分为两部分，一部分为训练集，另一部分为测试集，然后用训练集的数据来构建决策树，用测试集的数据来判断是否需要剪枝。这种方法最为简单直观，也最常用。

以预剪枝为例，先基于训练集的数据得到划分的方案，再用测试集的数据来看这种划分方案是否会提升分类的精度。只有测试集的分类精度提升了才进行划分。这种方法虽然直观，但是有三个显然的缺点：

第一，有相当一部分数据会被划入测试集，不能直接用于构建决策树，在数据量比较小的情况下，这个损失是可观的。

第二，因为划分有随机性，所以同一个数据集可能生成不同的决策树，不便于重现结果，且不同决策树的学习能力也有优劣。

第三，有时第一次划分本身可能会降低分类的精度，但是后续的划分可能大幅提高分类的精度，所以这种以贪心法为基本思路的剪枝方法可能导致欠拟合。

类似地，这种思路也可以用于后剪枝。在后剪枝时，先使用所有的训练数据，生成一棵完整的决策树，再从最后划分的节点开始回溯，依次判断这些节点如果不分裂是否分类的精度更高。如果的确如此，那么执行剪枝。一般而言，后剪枝得到的决策树比预剪枝复杂（有更多的分支和节点），出现欠拟合的风险较小，但是其他缺陷依然存在，并且因为要先生成完整的决策树，所以时间和空间的代价比预剪枝更大。

统计推断法

统计推断法是利用所有的数据构建决策树,但是通过统计推断的方式估计划分后预测精度的变化,从而直接进行剪枝。

考虑一种简单的情况,把一个包含 N 个数据样本的节点划分成两个节点,分别包含 N_1 和 N_2 个数据样本($N = N_1 + N_2$)。如果待划分节点真实的分类错误率为 p,而划分后的两个节点真实的分类错误率分别为 p_1 和 p_2,则当

$$Np \leqslant N_1 p_1 + N_2 p_2 \tag{6-16}$$

时(划分后加权平均错误率没有降低),没有必要进行划分。

划分成多于两个节点的处理方法完全一致,故不赘述。

其中关键的问题在于如何估计真实的分类错误率,因为我们只能观察到数据样本中有多少分类错误,而这个观察到的错误率并不同于真实的错误率。例如,一个硬币投 5 次,有 4 次向上,不能说向上的概率就是 80%,否则如果只投一次硬币,岂不是可以推断出要么永远向上,要么永远向下。

如果在 N 个数据样本中,最多的类别有 C 个样本,那么观察到的错误率是

$$\hat{p} = (N - C)/N \tag{6-17}$$

以 $1 - \alpha$ 为置信区间,假设真实错误率为 p,则把每次抽样看成独立以 $1 - p$ 的概率抽出属于类别 C 的样本,以 p 的概率抽出不属于类别 C 的样本,则真实的错误率 p 以 $1 - \alpha$ 的概率属于下面的区间(名为 Wilson 区间,数学细节请参考文献[51])

$$\left[\frac{1}{1 + \frac{1}{N}Z^2} \left(\hat{p} + \frac{1}{2N}Z^2 - Z\sqrt{\frac{1}{N}\hat{p}(1-\hat{p}) + \frac{1}{4N^2}Z^2} \right), \frac{1}{1 + \frac{1}{N}Z^2} \left(\hat{p} + \frac{1}{2N}Z^2 + Z\sqrt{\frac{1}{N}\hat{p}(1-\hat{p}) + \frac{1}{4N^2}Z^2} \right) \right]$$

$$\tag{6-18}$$

其中,Z 是标准正态分布在 $1 - \frac{1}{2}\alpha$ 处的取值。

一般选择95%的置信区间，对应 $\alpha = 0.05$。在估计真实错误率的时候，往往选择该区间的上界。一个显著的缺点就是不管怎么选择，如果数据样本规模很小，式(6-18)的估计都不会太准确。原则上这种方法既可以用于预剪枝，也可以用于后剪枝，但以预剪枝为主——因为后剪枝最后划分的节点数据集一般比较小，而在数据集比较小的时候误差很大。

损失函数法

"损失函数法"是给每棵子树定义一个损失函数，从而判断是否需要剪枝，这种方法只适用于后剪枝[52]。

定义一棵决策树 T 的损失函数为

$$L(T,\alpha) = C(T) + \alpha |T| \tag{6-19}$$

其中，$C(T)$ 为决策树 T 对训练集的预测误差，$|T|$ 为决策树 T 的叶子节点的数量，可以看作决策树 T 的复杂度。

因此，损失函数由两部分构成：T 对训练集的预测误差和 T 的复杂度，参数 α 用来调节二者的权重。显然，这个损失函数青睐预测误差小（高精度）且很简单（高泛化能力）的决策树。记完全生长的树为 T_0；由 T_0 中内部节点（非叶子节点）t 构成的单节点树为 S_t，即树 S_t 只包含一个节点 t；由 T_0 中以内部节点 t 为根节点构成的子树为 T_t。显然，当

$$\alpha = \alpha_t = \frac{C(S_t) - C(T_t)}{|T_t| - 1} \tag{6-20}$$

时，决策树 S_t 与 T_t 有相同的损失函数，即 $L(S_t,\alpha) = L(T_t,\alpha)$。

基于"损失函数法"的后剪枝步骤如下：

（1）对当前树 T_0 中的每个 t，按照式(6-20)计算 α_t。

（2）剪去使 α_t 最小的 T_t（用 t 节点替代以 t 为根节点的子决策树），得到的新决策树记为 T_1。

（3）以 T_1 作为当前树重复上述过程，得到 T_2。

以此类推，直到不剩下内部节点为止。

以上三个步骤得到的子树序列为 $T_0, T_1, T_2, \cdots, T_n$，使用独立的测试集合计算子树序列的损失函数，再从中选择使损失函数达到最小的子树作为剪枝结果。这个方法其实是比较直观的，因为要让 α_l 尽量小，则式(6-20)右端的分母要小，就说明展开后预测误差降低不多，而分子要大，就说明展开后的子树还比较复杂。这种花很大代价却收益很少的操作正好是剪枝算法力图避免的。

注意，"损失函数法"与"留出法"一样，也要留出一部分数据作为测试样本，所以有相似的缺点。但是"损失函数法"考虑的不仅是精度，还有决策树本身的复杂性，因此得到的结果（通过调节参数 α）往往在性能上要好于"留出法"。

6.4 小结和讨论

决策树是数据挖掘中非常经典且直到今天还在工业界中应用十分广泛的算法。决策树有两个非常具有代表性的优点。

一是它对离散型数据的支持

决策树生长算法可以自然无困难地处理离散型数据，而许多其他常见的经典分类算法无法直接处理离散型数据。这是因为进入这些算法的每个特征的取值均要满足可进行大小比较的前提，而很多离散值，如城市、色彩、性别、风格等，没有办法数值化。决策树不仅支持离散型数据，还允许在预测时处理在训练过程中没有遇到过的离散型值，并且如前所述，它对于缺失值和连续值也有成熟的处理方法。总的来说，在经典的数据挖掘算法中，决策树对于原始数据是很友善的。

二是它具有很强的可解释性

决策树模型有非常清晰的树形逻辑判断结构，因此具有很强的可解释性。尽管这种可解释性对于算法本身的精确度而言没有太大价值，但是在具体应用中会起到关键作用。例如，银行推出一个消费金融的产品，现在算法官设计了一个判断申请贷款用户还款能力的高精度算法，可以通过给用户打一个信用分数来决定其授信额度。这个方法可能用到了几十亿维的用户特征，所以没有办法给出解释。尽管银行可以用这种方法来判断是否应该放贷，但是如果有用户投诉银行乱打分（如认为存在种族歧视），或者来电咨询银行"要如何做才能够提高信用分数"，银行就傻眼了。而决策树的算法不仅能够给出分类和预测，还可以形成若干规则，并且让操作者一眼就能看出哪些特征是最重要的特征。这种结果和精度之外的"知识"在很多场景中更有价值。

另外，决策树本身也可以看作规则的集合，而规则可以直接通过结构化查询语言（Structured Query Language，SQL）或其他简单编码方式就能够实现，这也大大降低了决策树模型的应用门槛。

本章介绍的这些决策树算法也有三个突出的缺点。

第一是误差自上而下的累积和传递

因为决策树的生长是自上而下的，误差也是沿着这个路径逐渐累积传递，如果深度很深，叶子节点误差往往很大（这也是剪枝算法重要的原因之一）。特别地，离根节点最近的若干决策节点对于整棵树的预测能力有着重要影响，如果这些决策节点中有预测误差较大的节点，那么误差会随着其子节点向下传递，从而导致整棵树的预测能力下降。在决策树的生长过程中，决策树算法本身并不会对节点就决策树整体性能的重要性而做出区别对待，一种改进的方法是在离根节点较近的位置建立决策节点时，允许这些节点在一定范围内进行回溯。

例如，对于某靠近根节点的节点 t（包括根节点本身），原来我们只看对 t 节点的不同划分带来的信息增益或其他评价指标的变化，现在可以一并考虑 t 节点的子节点的划分，就是看 t 节点所有孙子节点加权的信息增益或其他评价指标，甚至考虑曾孙节点等。这样做的好处是尽最大可能保证"上层建筑"的稳定性和可靠性。

与此同时，这种不只看一层的回溯机制也意味着寻优空间急剧增大。如何设计高效的可回溯算法来保证这些决策节点的可靠性和稳定性是一个重要的挑战。

第二是泛化能力较弱，或者说学习能力较弱

决策树的每个决策节点仅使用一个特征来对数据集进行划分，然而实际情况中很多特征在单独使用时并没有明显的分类能力，但在结合一些其他特征时，表现出对不同类别的数据很好的区分性。决策树本身并无法去发现、利用特征与特征之间更加复杂、抽象的知识，也难以处理特别多的特征（如通过特征工程获取的大量衍生特征），因此当问题的复杂程度增加时，决策树的泛化能力常常变弱。如何让决策树在训练过程中能够发现、使用特征间复杂的关系是提升决策树整体性能的重要研究点。例如，多变量决策树可以用来处理多个变量组合后的特征[53]。

第三是扩展性较差

决策树算法的训练是针对整个训练集同时进行的，因此无法对新数据进行增量训练，从而无法实现对已训练好的模型进行增量扩展。对于新来的数据，决策树算法只能将其加入原来的训练集中，再进行重新训练。当训练集的数据本身就很大且新的可用数据产生速度又很快的时候，需要经常性地花费大量时间用于模型训练。这部分训练往往是离线的，难以支撑实时在线的需求。一些简单的决策树算法，如 ID3，已经可以找到等价的增量学习方法[54]，但一般而言，这是一个比较困难的问题。

最近，在针对决策树算法的研究方面有了长足的进步，如 Breiman 提出了随机森林（Random Forest）算法[55]。顾名思义，随机森林由多个独立构建的决策树构成。每棵决策树使用随机采样的特征来生长，算法最终的输出结果由所有决策树投票决定。随机森林是典型的集成学习（Ensemble Learning）算法，相较于单棵决策树有更强的健壮性（鲁棒性）和抗噪能力。又如，Friedman 提出了梯度提升树（Gradient Boosting Decision Tree，GBDT）算法[56]，在每轮迭代中使用前一轮迭代的结果误差作为训练目标，而非直接使用目标输出的标签。

随机森林算法和梯度提升树算法目前是工业界应用非常广泛的算法和国际大型竞赛的常见算法。本书限于篇幅，不做深入介绍，有兴趣的读者可以进一步阅读相关文献。

练 习 赛

运用本章所学知识，尝试完成如下竞赛题目。

6-1 租金预测：预测某城市房屋的租金价格。

6-2 员工离职预测：预测哪些员工可能离职。

6-3 失信企业预测：预测哪些企业有可能出现失信记录。

6-4 识别垃圾邮件：判断哪些邮件属于垃圾邮件。

竞赛页面
（竞赛题目可能会不定时更新）

第 7 章　关联规则挖掘

基本算法思想

Apriori 算法示例

小结和讨论

"关联"这个词,相信对于所有人来说都不会陌生。早上看到路面湿漉漉的,很自然地猜想昨晚可能下过雨了。这种由一种事物自然而然想到另一个事物的过程就是典型的"关联"。从大量的数据中发现事物之间的关联关系,如"路面湿漉漉 $\Rightarrow$ 昨晚下过雨"就是关联规则挖掘。

生活中很多的关联关系并不像"路面湿漉漉 $\Rightarrow$ 昨晚下过雨"一般显而易见。在一个大家耳熟能详的传说中(据说是 Teradata 的一位经理编出来说明这种思想的一个故事),超市中跟尿布一起被购买最多的商品竟然是啤酒——原因是周五购买啤酒的年轻男性也不忘购买一包尿布(更可能的原因是被老婆提醒买尿布的男性也趁机买些啤酒犒劳自己)。这种隐藏在啤酒和尿布背后的关联,如果不通过大数据挖掘的技术,是没有办法轻易得到的。

自动从数据记录中根据某些预设条件,发现所有满足条件的关联关系就是关联规则挖掘算法要解决的问题。一般,我们可以用所谓的"支持-置信"分析来判断一个关联规则是否有效。还是以消费者在超市购买商品为例,如果把每个消费者的一次购买行为看作一个事件,那么考虑从商品 x 到商品 y 的关联规则,支持度是指在所有事件中同时购买商品 x 和商品 y 的比例,置信度则是在所有购买了商品 x 的事件中也购买商品 y 的比例。关联规则挖掘任务中应用最广泛的条件就是"最小支持度阈值-最小置信度阈值"条件,也就是说,如果支持度和置信度都不低于相应的阈值,则从商品 x 到商品 y 的规则被认为是有效的。

本章先介绍针对"最小支持度阈值 – 最小置信度阈值"条件最重要也是应用最广泛的算法——Apriori 算法[57]的基本思想,再给出一个小数据集上的算例,然后讨论该算法的优点、缺点和可能的应用。

7.1 基本算法思想

我们继续以超市购物为背景来介绍关联规则挖掘的一些重要概念。假设超市中共有 N 种不同的商品 $i_1, i_2, \cdots, i_N$,其中每种商品都称为一个项(item),多种商品的集合 I 称为项集(itemset),当项集中有 k 个项时,该项集被称为 k-项集。我们称每笔交易为一个事务 T,它可以用一个布尔向量表示,如 $(0,1,1,\cdots,0,1)$ 可以表示一次交易中消费者 "没有买抽纸,买了啤酒,买了尿布,…,没有买蚊香,买了饼干"。本章中,我们不关心消费者买了多少某商品,只关心他有没有购买——Apriori 算法[57]就是专门用来分析这种布尔类关联规则的,它也入选了十大数据挖掘算法[9]。

典型的关联规则形式是 $X \Rightarrow Y$,其中 X 是由一个或多个商品组成的项集,Y 也是由一个或多个商品组成的项集,但是 X 和 Y 中没有同款商品,即 $X \cap Y = \varnothing$。我们称 X 为前提项,Y 为结果项。

在超市购物分析中,我们感兴趣的问题可能有:

(1)找出所有以"可乐"为结果项的关联规则,这些规则可能有助于规划商店应该如何促进可乐的销售。

(2)查找所有以"可乐"为前提项的规则,这些规则可能有助于确定哪些产品,在超市"可乐"断货时,销售可能受到影响。

(3)查找所有既以"可乐"为结果项的前提项又以"可乐"为前提项的结果

项，即同时满足"可乐⇒X"和"X⇒可乐"的商品X，从而建议一些可以与"可乐"一起出售的商品（例如做成优惠包或陈发于同一位置）。

如何确定所发现的规则是我们感兴趣的

首先，确定那些商品在所有的交易记录中经常一起出现，即前提项X和结果项Y经常一起出现。"经常"的程度可以用"支持度"来刻画。一个项集的支持度被定义所有购物的交易记录中包含该项集的记录所占的比例。如果一个项集的支持度不低于某个预先设定的最小支持度阈值，则这个项集被称为频繁项集。一个我们感兴趣的关联规则，要求由X和Y中所有商品组成的集合X∪Y是频繁项集。

我们还要求一旦商品集X被购买了，商品集Y有很大的可能被购买。置信度就是专门针对这样的关联规则的。如果记support(X)为项集X的支持度，则规则X⇒Y的置信度被定义为：

$$\text{confidence}(X \Rightarrow Y) = \frac{\text{support}(X \cup Y)}{\text{support}(X)} \tag{7-1}$$

一个我们感兴趣的关联规则要求规则X⇒Y的置信度不得低于某个预先设定的最小置信度阈值。

基于"支持–置信"框架下的Apriori算法是用于挖掘布尔关联规则的频繁项集的有效算法之一。Apriori算法简单来说，可以分为两步：（1）找到所有满足最低支持度要求的频繁项集；（2）使用频繁项集来生成关联规则。

在找寻频繁项集的过程中，Apriori算法利用先验原理（Apriori Property）来减小搜索空间——这也是该算法名字的缘由。先验原理是指频繁项集的子集必然是频繁项集，也就是说，如果X∪Y是一个频繁项集，X和Y都应该是频繁项集。当Z不是频繁项集时，我们不用再考虑任意频繁项集X和Z的组合形式X∪Z。

Apriori算法利用连接操作（Join Operation）高效率地基于k-项集生成$(k+1)$-

项集，从而可以迭代地找到基数从 1 到 k 的频繁项集，直到没有包含更多项目的频繁项集。在找到所有的频繁项集后，Apriori 算法利用这些频繁项集生成所有我们感兴趣的关联规则。接下来我们将通过一个简单的算例详细地介绍 Apriori 算法。

7.2　Apriori 算法示例

笔者在一本关于大数据创新应用的科普书[2]中曾经举过一个关于关联规则挖掘非常简单的例子。但是那个例子过于简单了，下面我们采用一个很多关于关联规则挖掘的教材和介绍材料（如教材[8]）中都举过的例子，帮助读者掌握 Apriori 算法。

假设一个超市只进行了 9 次交易，数据库中记录下的信息如表 7-1 所示（TID 是交易事件的标识码），共涉及 I_1、I_2、I_3、I_4、I_5 共 5 种商品。我们感兴趣的规则的最小支持度是 22%（即在所有 9 个记录中要出现不低于 2 次），最小置信度是 70%。为了发现所有我们感兴趣的规则，需要先找出所有的频繁项集，不同的非空项集有 31（$C_5^1 + C_5^2 + C_5^3 + C_5^4 + C_5^5$）种。这是在购物记录仅涉及 5 种商品的情况，而实际的超市商品繁多，如果有 100 种商品，则约有 10^{30} 个不同的非空项集，依次检查所有的项集是否是频繁项集，其计算量是不可接受的。为了方便叙述，下面提到的最小支持度不再是一个百分数，而直接是出现的频次，其严格的名称为"最小支持度计数"。在本例中，这个数字是 2。

第 1 步：生成所有频繁 1-项集

如图 7-1 所示，经过算法的第一轮迭代，所有的 1-项集都是频繁 1-项集。

表 7-1 超市 9 次交易记录

TID	项集	TID	项集
T001	I_1、I_2、I_5	T006	I_2、I_3
T002	I_2、I_4	T007	I_1、I_3
T003	I_2、I_3	T008	I_1、I_2、I_3、I_5
T004	I_1、I_2、I_4	T009	I_1、I_2、I_3
T005	I_1、I_3	—	

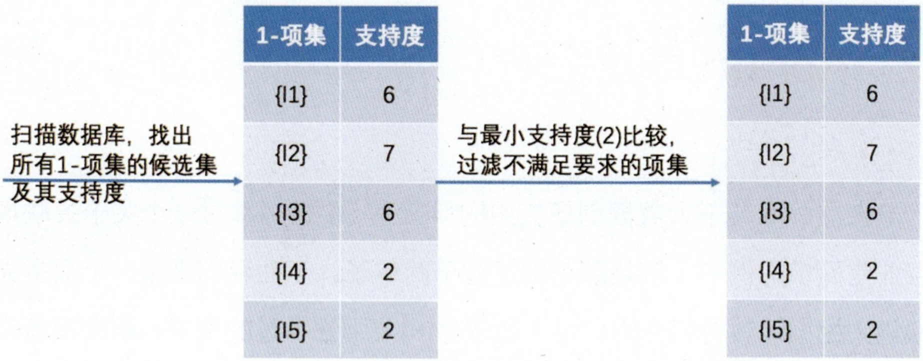

图 7-1 生成频繁 1-项集的过程

第 2 步：生成所有频繁 2-项集

我们先考虑一个一般性的问题。如果 X 和 Y 是两个不同的频繁 k-项集，如何通过连接操作得到频繁 $(k+1)$-项集。为了计算方便——这很重要，实际上是必须的——我们把所有商品按照统一的预先约定的序排列，如果只有 5 个商品并且按照 I_1、I_2、I_3、I_4、I_5 排列好，那么一个项集 $\{I_1, I_2, I_5\}$ 只能这样排列，不能排成 $\{I_2, I_5, I_1\}$。在这个前提下，记 X 和 Y 分别为 $X = \{I_1^X, I_2^X, \cdots, I_k^X\}$ 和 $Y = \{I_1^Y, I_2^Y, \cdots, I_k^Y\}$。显然，如果这两个频繁 k-项集能够合并成一个 $(k+1)$-项集（先不管是不是频繁项集），必然满足条件 X 和 Y 中恰有一个元素不同。

根据先验原理，如果合并得到的项集 $X \cup Y$ 中含有不是频繁项集的子 k-项集（除了 X 和 Y 已知是频繁项集，原则上还要每次去掉一个元素，验证除 X 和 Y 本身以外的其他 $k-1$ 个可能的子 k-项集是不是频繁项集），那么 $X \cup Y$ 不可能是频繁项集。这个操作一般称作"过滤"，可以快速去除很多连接操作得到的中间结果，从而得到所谓的候选频繁(k+1)-项集。然后一一验证这些候选频繁(k+1)-项集是不是频繁项集，就可以得到所有的(k+1)-频繁项集。

如图 7-2（通过连接频繁 1-项集和频繁 1-项集，利用先验原理执行过滤操作）和图 7-3（扫描所有数据库）所示，这个方法可以得到所有的 6 个频繁 2-项集。

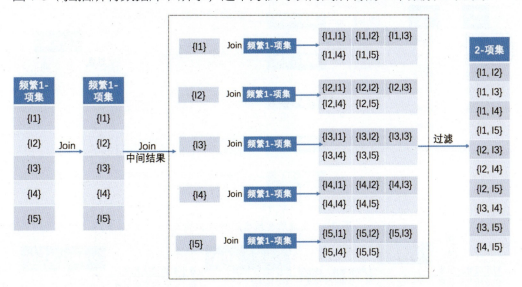

图 7-2 生成所有候选的频繁 2-项集

图 7-3 从所有候选者中生成频繁 2-项集

第 3 步：生成所有频繁 3-项集

类似地，利用连接操作和先验原理过滤，生成所有的频繁 3-项集。过程如图 7-4 和图 7-5 所示，共有 2 个不同的频繁 3-项集。

第4步：生成所有频繁4-项集

利用频繁3-项集连接频繁3-项集，得到的4-项集只有一个，即$\{I_1, I_2, I_3, I_5\}$。

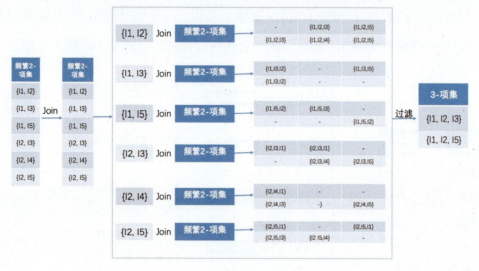

图7-4 生成所有候选的频繁3-项集

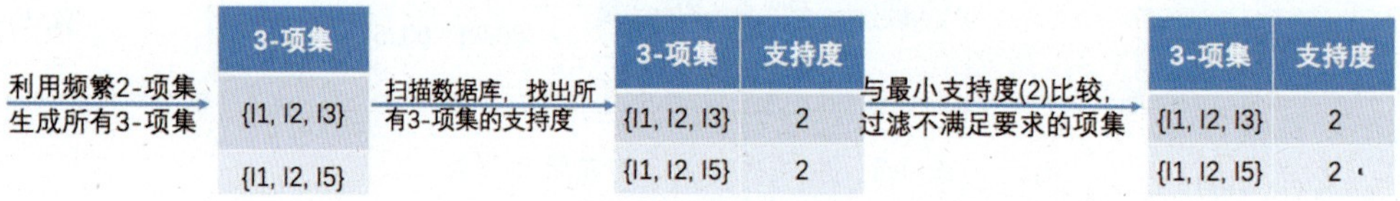

图7-5 从所有候选者中生成频繁3-项集

基于先验原理，由于$\{I_2, I_3, I_5\}$不是频繁项集，所以不需要扫描数据库进行计算，就可以得知$\{I_1, I_2, I_3, I_5\}$不是频繁项集。

因为没有频繁4-项集，根据先验原理，如果$k>4$，也不会有频繁k-项集。

至此，所有频繁项集全部都生成了，共13个，记为：

$$L = \{\{I_1\}, \{I_2\}, \{I_3\}, \{I_4\}, \{I_5\}, \{I_1, I_2\}, \{I_1, I_3\}, \{I_1, I_5\}, \\ \{I_2, I_3\}, \{I_2, I_4\}, \{I_2, I_5\}, \{I_1, I_2, I_3\}, \{I_1, I_2, I_5\}\} \tag{7-2}$$

其中，L是所有频繁项集的集合。

第5步：利用频繁项集生成关联规则

对于集合L中的每一个频繁项集X，生成其所有的非空子集，如果其某个非空子集S满足条件

$$\frac{\text{support}(X)}{\text{support}(S)} \geqslant c_{\min} \tag{7-3}$$

其中，$c_{\min}$ 是最小置信度（在本问题中设为 70%），则规则 $S \Rightarrow (X - S)$ 是满足"最小支持度阈值 - 最小置信度阈值"条件的我们感兴趣的关联规则。

跑遍集合 L 中所有的频繁项集，就可以得到所有我们感兴趣的关联规则。

以 $I = \{I_1, I_2, I_5\}$ 为例，其所有非空子集有：

$$\{I_1\}, \{I_2\}, \{I_5\}, \{I_1, I_2\}, \{I_1, I_5\}, \{I_2, I_5\}$$

对应所有可能的规则（Rule1 ~ Rule6）如下。

Rule1：$\{I_1, I_2\} \Rightarrow I_5$

$$\text{Confidence(Rule1)} = \frac{\text{Support}(\{I_1, I_2, I_5\})}{\text{Support}(\{I_1, I_2\})} = \frac{2}{4} = 50\% < 70\%$$

故 Rule1 不满足条件。

Rule2：$\{I_1, I_5\} \Rightarrow I_2$

$$\text{Confidence(Rule2)} = \frac{\text{Support}(\{I_1, I_2, I_5\})}{\text{Support}(\{I_1, I_5\})} = \frac{2}{2} = 100\% > 70\%$$

故 Rule2 满足条件。

Rule3：$\{I_2, I_5\} \Rightarrow I_1$

$$\text{Confidence(Rule3)} = \frac{\text{Support}(\{I_1, I_2, I_5\})}{\text{Support}(\{I_2, I_5\})} = \frac{2}{2} = 100\% > 70\%$$

故 Rule3 满足条件。

Rule4：$I_1 \Rightarrow \{I_2, I_5\}$

$$\text{Confidence(Rule4)} = \frac{\text{Support}(\{I_1, I_2, I_5\})}{\text{Support}(\{I_1\})} = \frac{2}{6} = 33\% < 70\%$$

故 Rule4 不满足条件。

Rule5：$I_2 \Rightarrow \{I_1, I_5\}$

$$\text{Confidence(Rule5)} = \frac{\text{Support}(\{I_1, I_2, I_5\})}{\text{Support}(\{I_2\})} = \frac{2}{7} = 29\% < 70\%$$

故 Rule5 不满足条件。

Rule6: $I_5 \Rightarrow \{I_1, I_2\}$

$$\text{Confidence(Rule6)} = \frac{\text{Support}(\{I_1, I_2, I_5\})}{\text{Support}(\{I_5\})} = \frac{2}{2} = 100\% > 70\%$$

故 Rule6 满足条件。

综上所述,利用频繁项集 $\{I_1, I_2, I_5\}$,我们可以产生 6 个关联规则,其中满足最小置信度条件的我们感兴趣的关联规则有 3 条,分别是 Rule2、Rule3 和 Rule6。

7.3　小结和讨论

关联规则挖掘是数据挖掘中非常经典的一个方法,曾经在购物篮分析中发挥了巨大的作用。尽管现在的推荐系统[21]和精准广告[58]已经很少用到该技术,但它的思想是很多现代算法源点。下面对关联规则挖掘存在的一些缺陷和解决方法进行讨论。

首先,关联规则挖掘一个显而易见的缺点就是要预先设定最小支持度阈值和最小置信度阈值。最小支持度阈值设置过低时,会出现大量可能只是"偶然"条件下发生的现象;最小支持度阈值设置过高时,很多有趣但不常见的关联规则可能被遗漏。除了很难找到最合适的参数集,两个阈值如果设置不合理,还会找到大量不合理的规则。例如,当两种商品 X 和 Y 都比较流行时,有很大的机会 $X \Rightarrow Y$ 和 $Y \Rightarrow X$ 都成为我们感兴趣的规则,但实际上很可能购买了 X 的人群中购买 Y 的比例比所有人群中购买 Y 的比例还低——也就是说,购买 X 对于购买 Y 其实起到了负面的作用。

一种办法是不要预先设定最小置信度阈值,而是对规则 $X \Rightarrow Y$ 计算其提升度[59]:

$$\text{Lift}(X \Rightarrow Y) = \frac{\text{Confidence}(X \Rightarrow Y)}{\text{Support}(Y)} \quad (7\text{-}4)$$

该式的分子是所有人群中购买 Y 的比例,分母是购买了 X 的人群中购买 Y 的比例。只有这个比值大于 1,才能说明购买 X 对于购买 Y 有提升效果。在这种情

况下，可以按照提升度大小排序选出若干感兴趣的规则。注意，由式(7-4)可知

$$\text{Lift}(X \Rightarrow Y) = \text{Lift}(Y \Rightarrow X) = \frac{\text{Support}(X \cup Y)}{\text{Support}(X) \times \text{Support}(Y)} \tag{7-5}$$

也就是说，这时所谓的关联规则实际是一种相关性，已经没有方向了——如果 $X \Rightarrow Y$ 我们感兴趣，则 $Y \Rightarrow X$ 我们也一样感兴趣。

如果读者还没有忘掉第 4 章学到的内容，那么式(7-5)很好理解：如果 X 和 Y 是独立的，则提升值是 1；如果 X 和 Y 是正相关的，则提升值大于 1；如果 X 和 Y 是负相关的，则提升值小于 1。

其次，我们发现的满足"最小支持度阈值-最小置信度阈值"条件或者刚才提到的提升度很大的关联规则并不一定真正有趣，或者说可能因为太过显然而没有价值。例如，一个书店希望看到哪些书常常一起销售，如果直接应用上述算法和评价标准，很可能得到的关联规则是《哈利·波特 1》 $\Rightarrow$ 《哈利·波特 2》，但这样的规则显然是没有太大价值。如何定义一个规则是"不同寻常"的，是包含更大信息量的，并且将这种信息价值的刻画引入到算法评价中，是一个重要的问题[60]。

最后，Apriori 算法虽然可以利用先验原理大幅度降低搜索空间，但是其时间和空间的复杂性还是惊人的，一般无法处理真实场景中的大数据集。

研究人员提出了很多大幅度提升 Apriori 算法效率的方法，如基于哈希策略的频繁项集计数方法[61]、基于动态项集的计数方法[62]、基于频繁模式树（Frequent Pattern Tree, FP-Tree）的频繁模式增长算法[63]等。有兴趣的读者可以阅读相关文献。

练 习 赛

运用本章所学知识，尝试完成如下竞赛题目。

7-1　失信企业预测：预测哪些企业有可能出现失信记录。

7-2　文本情感分析：判断某网站的评论数据中的情感类别。

7-3　识别垃圾邮件：判断哪些邮件属于垃圾邮件。

竞赛页面
（竞赛题目可能会不定时更新）

第 8 章　数据挖掘应用创新案例

提升生产制造过程的良品率

刻画全球化对碳排放的影响

捕捉电商评论中的用户情感

实时发现微博中的热点事件

通过上面的学习，如果读者足够认真，那么恭喜了，你已经具备了在数据时代舞刀弄枪的基础了。这就好像刚到霍格沃茨魔法学校的哈利·波特，连飞行术都没有完全掌握，虽然与大魔法师相比只能算幼稚级的三脚猫，但是与麻瓜之间已经有了天壤之别。虽然这本书没有告诉读者任何数据挖掘方面的"重武器"，更没有深入讲述先进的机器学习方法如何利用这些数据挖掘的算法，但是如果读者能够用好第 2 章到第 7 章介绍的 6 种"轻武器"，很多时候也能够精准"爆头"！要知道，算法本身不分阶级，只要场景合适，有时"平底锅"就能解决的问题不需要端出"重机枪"来。

下面遴选 4 个不同的场景作为应用的例子，给读者展示如何把本书学到的知识应用到实际问题中。

8.1 提升生产制造过程的良品率

良品率是制造业技术水平最重要的指标。例如，在 OLED（Organic Light-Emitting Diode，有机发光二极管）面板生产领域，中国虽然产量很大，但是国内厂商的良品率，即所有产品中符合标准能够推向市场的产品占比，还明显低于国际领先的厂商。同时，良率的高低关乎着成本的高低。良率高，则平均成本低，这对利润和市场占有率的提升都有莫大的帮助。

面板的加工过程非常复杂，往往涉及数百设备、数万参数。在工厂段包括阵列过程、彩膜过程、对盒过程和模组过程。最终的良品率统计一般在模组段，当发现不良品时，传统的方法是依靠人工追溯前面的加工过程（对盒、彩膜和阵列）中对应的各种设备参数和检测数据，通过熟练工人的经验去发现可能导致不良的设备和参数设置，然后进行人为调整。这种方法存在执行周期较长、消耗大量人力、严重依赖人员经验、总体效果不佳等缺陷。第 6 章介绍的决策树算法可以用来从海量历史数据中挖掘出顽固性不良品的发生模式，分析面板缺陷和各种生产参数之间的相关强度，将分析结果呈现给业务人员或专家，辅助他们进行参数调整，最终提升产品的良率。

我们待分析的数据可以分成 3 类。

生产过程数据

生产过程数据中包含：在流水线加工过程中玻璃基板的配对关系，玻璃的加工批次和玻璃切割后与所得面板的配对信息，每块玻璃在流经各阶段所经过的加工设备信息及对应的进出时间，以及玻璃的身份信息，包括经过的制程、玻璃的种类、玻璃的等级、面板的数量、阵列的等级、产品型号、大小、分辨率、技术等基本信息。

参数运行数据

参数运行数据主要是加工设备加工时对应的参数信息，其分析的最小单位是完成某一制程所需的全体设备。

缺陷检测数据

缺陷检测数据中包含各种各样的缺陷检测信息，其中最直接表明缺陷信息的是各种缺陷类型的检测计数——当检测到其中一个面板某类缺陷出现则计数加 1。在分析之前，要对数据进行清洗，避免缺失值、冗余值、异常值和噪声对算法精确度的影响。

这里所使用的数据为某一款面板产品的，针对一个特定设备（PI02）和一个特定缺陷类型的数据集，涉及数据 10374 条，缺陷记录为 374 条（都是同一个特定缺陷），正常记录 10000 条，涉及生产过程的 900 个控制参数。采用 6.2 节中介绍的 C4.5 算法构建决策树，然后用 6.3 节中介绍的第三种剪枝方法——损失函数法——进行剪枝。最终得到的决策树模型如图 8-1 所示。

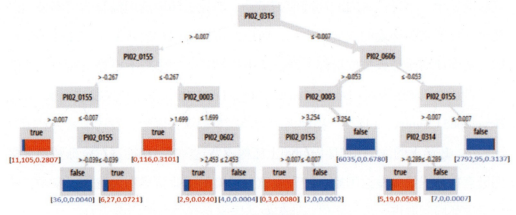

图 8-1　决策树模型

图 8-1 中，红色部分表示存在缺陷的面板比例，蓝色部分表示无缺陷的面板比例。其中，叶子节点上的 x、y、z 分别表示训练数据中无缺陷的面板个数、训练数据中有缺陷的面板个数，以及该叶子节点中出现的有缺陷面板占所有有缺陷面板的比例。

基于该决策树，我们可以得到参数重要性的排序：最重要的是 PI02_0315 参数，第二重要的是 PI02_0155 参数。这些结果对于生产线上的制造业人员理解缺陷的原因非常重要，还可以帮助我们设计高效的算法，主要关注重要参数的取值，从而可以在非常低的时间和空间消耗的情况下，显著降低不良率。自动参数调优的算法超出了本书的范畴，此处不做进一步介绍。

8.2 刻画全球化对碳排放的影响

全球化过程如何影响气候变化，特别是碳的排放（主要体现为 CO_2），是最近几十年广受关注的问题。乐观的学者，如生态现代化理论[64]和全球政体理论[65]的支持者认为，全球化会带来一个同质化的过程，通过多国环境协议、现代互联网技术、全球范围内的环境保护运动、有先进环境治理经验的跨国公司以及全球性的有关环境的制度和文化，可以助推环境保护的认识和实践在全球传播，从而使得全球碳排放量都下降。悲观的学者，如生态不平等交换理论[66]的支持者认为，发达国家（Developed Country，DC）（和地区）与欠发达国家（Less Developed Country，LDC）（和地区）的差别是根深蒂固的，发达国家会利用自己经济、政治上的优势，在环境问题上压榨不发达国家，包括通过全球贸易直接把废弃物运送给欠发达国家、将导致重度污染的工业转移到欠发达国家中，从而导致环境问题进一步异质化，让欠发达国家承受更多的环境压力。

我们希望通过相关的数据分析，就上述争论给出更客观的判断。利用世界银行公开的数据（World Development Indicators），我们收集了 214 个国家（和地区）的 1970—2014 年间 CO_2 排放的数量（按照平均每年每人排放了多少吨，每 5 年一个数据点）。与此同时，我们用 KOF 全球化指数[67]来衡量一个国家或地区的全球化水平。因为有些国家（和地区）数据不全，实际上分析了 137 个国家（和地区）在 1970—2014 年间的数据。记 x_{it} 为第 i 个国家（和地区）第 t 个时间点的全球化水平（KOF 指数），y_{it} 为第 i 个国家（和地区）第 t 个时间点的 CO_2 排放量，类似第 5 章的式(5-13)，我们可以写出一个线性回归方程：

$$y_{it} = \beta_{it} x_{it} + \mu_i + w_t + e_{it} \tag{8-1}$$

其中，β_{it} 是待拟合的回归系数，e_{it} 是误差项，μ_i 是只与国家（和地区）有关的误差项，w_t 是只与时间有关的误差项。

利用简单的回归分析，我们就可以得到不同年份全球化水平对于 CO_2 排放量的影响。特别地，通过 β 的平均取值，我们能够知道在不同年份，针对不同类型的国家（和地区）（DC 和 LDC），全球化水平对 CO_2 排放量的影响是正还是负。

图 8-2 给出了全球化对 CO_2 排放量的影响。其中，DC 和 LDC 分别指发达国家（和地区）和欠发达国家（和地区），其划分标准也是按世界银行的收入分类（World Development Indicators）。1970 年，第一个蓝色的点是 –0.069，意味着 1%全球化的增加会带来 0.069%的 CO_2 排放量的减少——虽然不够显著，但显然是好的。

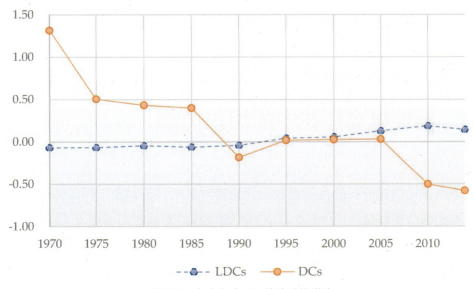

图 8-2　全球化对 CO_2 排放量的影响

我们可以从图 8-2 看出几点：

（1）发达国家（和地区）与欠发达国家（和地区）受全球化影响的差异很大。

（2）发达国家（和地区）在早期全球化程度越高，人均 CO_2 排放量越大——全球化是要付出环境代价的。

（3）随着全球化的进程，发达国家（和地区）变成了全球化程度越高，CO_2 排放量反而越少，而欠发达国家（和地区）变得相反，全球化程度越高，CO_2 排放量越大。

由此可以推断,发达国家(和地区)可能通过全球化,把一些环境压力转移到了欠发达国家(和地区)。至少,全球化对于不同类型国家(和地区)的影响是不同的。所以,从整体上而言,我们的数据分析更倾向于支持"生态不平等交换理论"。

当然,这个分析很初级,还有更先进的回归分析方法,可以得到更精确的结果。另外,可以通过对全球化在三个最主要维度(经济、政治、文化)的分析,深入探讨这种发达国家(和地区)与欠发达国家(和地区)不平等的根本原因。这方面更细致深入的分析可以参考文献[68]。

8.3　捕捉电商评论中的用户情感

电商评论情感分析的目的是找出评论者对其所评论对象所持的情感倾向,如正面倾向或负面倾向。对电商评论进行情感分析有两点重要意义。首先,生产商可以通过用户评论分析其商品与竞品之间的优劣,对制订营销策略有重要指导意义。其次,生产商能够从用户评论中感知用户对其商品最为关注的方面(如外观、价格)及所持态度,对产品品质升级、市场定位有重要参考价值。

本节只考虑句子级别的分析。因为电商评论者一般会非常直接地表达自己对评论主体的情感倾向,所以那些能够体现情感倾向的关键词往往对情感分析算法的效果有着举足轻重的作用。基于此,一种最简单、直接的做法是构建一个人工标注的情感词库,包含正面情感词和负面情感词。当需要对句子进行情感分析时,以直接匹配的方式计算句子中包含的正面情感词数量和负面情感词数量,并以其数量占优者所表示的情感类别作为句子的情感倾向。上述方法的主要问题是需要人工维护一个情感词库,不仅维护成本高,且扩展性极低。例如,凡是不包含在该词库中的词的情感类别无法对句子情感倾向做出贡献。

下面以第 4 章的知识为基础，介绍如何用朴素贝叶斯的方法来对评论句的情感进行分析。假设评论所属的情感类别集合为 $C = \{c_1, c_2, \cdots, c_k\}$，情感分析的问题定义为：

$$c^* = \arg\max_{c \in C} \Pr(c|d) \tag{8-2}$$

其中，d 表示一条评论句子。

式 (8-2) 的含义为求使条件概率 $\Pr(c|d)$ 达到最大的 c，那么 c 即为评论 d 所属的情感类别（如"好评"或"差评"）。考虑评论 d 属于某个类别 $c_i \in C$ 的条件概率 $\Pr(c_i|d)$，利用贝叶斯公式，$\Pr(c_i|d)$ 可展开如下：

$$\Pr(c_i|d) = \frac{\Pr(d|c_i)\Pr(c_i)}{\Pr(d)} \tag{8-3}$$

如果将一条评论 d 表示为其包含的词序列 $d = \{w_1, w_2, \cdots, w_n\}$，式 (8-3) 可改写为：

$$\Pr(c_i|d) = \frac{\Pr(w_1, w_2, \cdots, w_n|c_i)\Pr(c_i)}{\Pr(d)} \tag{8-4}$$

为了简化计算，我们需要做两点假设。

（1）词序列 $d = \{w_1, w_2, \cdots, w_n\}$ 中各词出现的位置是不重要的。这是经典文本分析方法中词袋模型的假设。虽然该假设明显与自然语言的语法规则相违背，但是在强调关键词作用的文本分析任务中，通常能够获得足够好的效果。

（2）任意两个词 w_j 和 w_k 的条件概率相互独立，就是朴素贝叶斯定理最基础的独立性条件。

在上面两个假设的前提下，式 (8-4) 可以改写为：

$$\Pr(c_i|d) = \frac{\prod_{j=1}^{n}\Pr(w_j|c_i)\Pr(c_i)}{\Pr(d)} \tag{8-5}$$

为了最终确定评论 d 属于哪个情感类别 c，我们只需使用式 (8-5) 分别计算评论 d 属于每个情感类别的条件概率，然后找出其中最大者即可。因为 $\Pr(d)$ 与

类别 c_i 无关,为了简化计算,只需对每个类别求得

$$\prod_{j=1}^{n} \Pr(w_j | c_i) \Pr(c_i)$$

设所有评论集合为 $D = \{d_1, d_2, \cdots, d_m\}$,集合 D_i 为所有属于情感类别 c_i 的评论构成,那么 $\Pr(c_i)$ 可以估计为

$$\Pr(c_i) = |D_i|/|D|$$

如果记 $\#(w, c)$ 为词 w 在类别 c 中的出现次数,则 $\Pr(w_j | c_i)$ 可以估计为

$$\Pr(w_j | c_i) = \frac{\#(w_j, c_i) + 1}{T + 1} \tag{8-6}$$

其中,T 为所有评论包含的总词数,此处应用了 4.2 节介绍的拉普拉斯平滑化处理。当需要对评论 d 进行情感分析时,只需对 d 按照式(8-5)分别计算其对每个情感类别 c_i 的分值,然后以得分最高的分值所对应类别作为 d 的情感类别。

下面介绍一个"好评-差评"的二分类实例。根据某知名电商关于组装计算机的部分评论,并利用已经有的"好评"和"差评"分类,使用朴素贝叶斯算法进行情感分析建模。表 8-1 和表 8-2 给出了我们计算得到的 $\Pr(w_j | c_i)$ 示例,这些中间结果可以用来对新的评论进行分类。事实上,一些新的电商也可以通过这种方法利用成熟电商的大量数据帮助自己建立分析模型。

表 8-1 对"好评"类别贡献最大的前十个词

排 名	词	$\Pr(w|好评)$	$\Pr(w|差评)$
1	客服	0.351	0.337
2	服务	0.273	0.080
3	很好	0.187	0.010
4	不错	0.144	0.012
5	很满意	0.134	0.003
6	很快	0.132	0.002
7	姐姐	0.121	0.001
8	好评	0.119	0.025
9	态度	0.112	0.093
10	物流	0.101	0.028

表 8-2 对"差评"类别贡献最大的前十个词

排名	词	Pr(w|好评)	Pr(w|差评)
1	客服	0.351	0.337
2	差	0.007	0.204
3	什么	0.055	0.136
4	垃圾	0.001	0.099
5	态度	0.112	0.093
6	死	0.006	0.085
7	服务	0.273	0.080
8	这么	0.034	0.076
9	蓝屏	0.014	0.066
10	钱	0.018	0.062

我们注意到,某些词(如"客服"和"态度")对"好评"和"差评"的条件概率都较高且接近。因此这些词对于区分一条评论是好评还是差评帮助不大。在表 7 中可知,若某用户在评论中把客服叫"姐姐",则该评论是好评的概率远远高于其是差评的概率(高出 100 多倍)。这似乎表明像"姐姐"这样的中性词在现代社会中已经包含了"好意"。表 8-2 中的"钱"再次印证了"谈钱伤感情"这一亘古不变的道理。

8.4 实时发现微博中的热点事件

微博热点事件是指在微博上引起广泛关注的事件,其典型特点是与热点事件相关的微博数量在短时间内呈爆发性增长。实时发现微博中的热点事件可以帮助我们掌握当下人们感兴趣的热点话题,如找出目前大家讨论最多的电影、电视剧,又如及时发现与食品安全、教育健康等民生问题高度相关的焦点问题。本节将在 k-均值算法的基础上,介绍如何采用与其相似的思路来实时发现微博中的热点事件。经典的 k-均值算法是作用于静态数据上的,即需要提前收集好相关数据，然后使用算法对其中的数据点进行聚类。然而微博具有高度时效性，并且不间断地产生新数据，所以本节会对 k-均值算法在应用过程中做出一些细微的调整，使得其能够实时地发现微博热点。

如果记所有我们关注的关键词的集合为字典 W，其中不同关键词的数量为 N_W，每个词对应唯一的编号（从 1 开始编号）。每个微博的内容我们都要表示为一个 N_W 维的向量（称作内容向量）。针对任意一条微博，先进行分词操作，得到词序列，再为该微博生成一个 N_W 维的初始向量，其所有元素均为 0。内容向量中的每个元素与字典 W 中的每个词一一对应，如向量中第一个元素的位置对应于字典中编号为 1 的词。记编号为 i 的词为 d_i，我们定义内容向量中第 i 个元素的值为该词的 TF-IDF 值[69]：

$$\text{TF-IDF}(d_i, S) = \text{TF}(d_i, S) \times \text{IDF}(d_i) \tag{8-7}$$

其中，S 是我们所考虑的微博，$\text{TF}(d_i, S)$ 为词 d_i 在微博 S 中出现次数的占比

$$\text{TF}(d_i, S) = \frac{\#(d_i, S)}{\sum_{d \in S} \#(d, S)} \tag{8-8}$$

其中，$\#(d, S)$ 为词 d 在微博 S 中出现的次数。$\text{IDF}(d_i)$ 定义为所考虑的微博总数量除以包含词 d_i 的微博数量。

TF-IDF 方法的意义比较明确，如果一个词 d 在微博 S 中出现的频率较高，并且在其他文本中很少出现，那么可以认为该词对于表征微博 S 具有重要意义，其 TF-IDF 值也会较大。如果一个词在很多文本中都经常出现（如人称代词"我""你"等），该词对任意微博的表征能力都较低，其 IDF 值也会较低，进而导致其 TF-IDF 值也很低。

真实应用中还会涉及若干细节，如微博中如果出现用"#…#"对主题进行强调，或者内容中有包含类似"题目"的部分，这些文本的权重会加强；又如，通常会对 IDF 值取对数，以降低在这个维度上的差异，等等。

一个事件的主题向量定义为其包含的所有微博内容向量的均值。如果将每

个微博内容向量看作 N_w 维空间中的一个数据点，则事件可以看作具有相似性的点构成的类簇，事件的主题即为该类簇的中心点。既然不论是微博内容还是事件主题都以固定长度的向量进行了表达，那么计算两个向量的相似性就变得非常简单，如可以使用欧氏距离（欧氏距离越大，两个向量越不相似）。

在上面讨论的基础上，微博热点发现的算法主要包括两个要点：

（1）每当获取一条微博数据后，计算其内容向量与目前所有已知事件主题向量的欧式距离。

（2）设 d_E 为该微博内容向量与所有事件主题向量距离中的最小值，且其对应的事件为 e，如果 d_E 小于某个人为设定的阈值，表明该微博的主题与事件 e 的主题足够相似，那么将该微博加入该事件中；反之，表明该微博的主题与目前所有事件的主题都不相似，那么将该微博单独形成一个新的事件。

注意，上述算法没有考虑热点事件的时效性。假设一个话题在最近一段时间被讨论的次数并不多，但它在过去一年内的累积量较大，上述算法仍会将其判断为热点事件。为了解决该问题，要引入一个时间窗口，在每次计算时仅考虑处于时间窗口中的微博，该窗口也会随着时间移动。如果某个事件包含的微博数量足够大，我们就可以将该事件标记为热点事件，并自动输出对应主题向量中取值最大的若干关键词，作为对该事件的表征。

推荐阅读材料

[1] V. Mayer-Schönberger, K. Cukier. 大数据时代——生活、工作与思维的大变革. 盛杨燕, 周涛译. 浙江人民出版社, 2013.

[2] 周涛. 为数据而生——大数据创新实践. 北京联合出版公司, 2016.

[3] M. Schmidt, H. Lipson. Distilling free-form natural laws from experimental data. Science, 324, 2009: 81-85.

[4] D. Silver, et al.. Mastering the game of Go with deep neural networks and tree search. Nature, 529, 2016: 484-489.

[5] W. Poundstone. 剪刀石头布：如何成为超级预测者. 闾佳译. 浙江人民出版社, 2016.

[6] S. Lloyd. Least squares quantization in PCM. IEEE Transactions on Information Theory, 28, 1982: 129-137（原文 1957 年在 Bell 实验室内部发表）.

[7] E. W. Forgy. Cluster analysis of multivariate data: Efficiency versus interpretability of classifications. Biometrics, 21, 1965: 768-769.

[8] J. Han, M. Kamber, J. Pei. 数据挖掘：概念与技术. 范明, 孟小峰译. 机械工业出版社, 2016.

[9] X. Wu, V. Kumar. 数据挖掘十大算法. 李文波, 吴素研译. 清华大学出版社, 2013.

[10] L. van der Maaten, G. Hinton. Visualizing data using t-SNE. Journal of Machine Learning Research, 9, 2008: 2579-2605.

[11] L. van der Maaten. Accelerating t-SNE using tree-based algorithms. Journal of Machine Learning Research, 15, 2014: 3221-3245.

[12] M. E. Celebi, H. A. Kingravi, P. A. Vela. A comparative study of efficient initialization methods for the k-means clustering algorithm. Expert Systems with Applications, 40, 2013: 200-210.

[13] D. Arthur, S. Vassilvitskii. How slow is the k-means method. Proceedings of the 22nd Annual Symposium on Computational Geometry (ACM Press), 2006, p. 144-153.

[14] R. M. Gray, D. L. Neuhoff. Quantization. IEEE Transactions on Information Theory, 44, 1998: 2325-2384.

[15] T. Kanungo, et al.. A local search approximation algorithm for k-means

clustering. Computational Geometry: Theory and Applications, 28, 2004: 89-112.

[16] A. K. Jain. Data Clustering: 50 years beyond k-means. Pattern Recognition Letters, 31, 2010: 651-666.

[17] D. Pelleg, et al.. X-means: Extending k-means with efficient estimation of the number of clusters. Proceedings of the 17th International Conference on Machine Learning. Morgan Kaufmann Publisher, 2000, p. 727-734.

[18] T. Cover, P. E. Hart. Nearest neighbor pattern classification. IEEE Transactions on Information Theory, 13, 1967: 21-27.

[19] P. E. Hart. The condensed nearest neighbor rule. IEEE Transactions on Information Theory, 18, 1968: 515-516.

[20] V. Gaede, O. Günther. Multidimensional access methods. ACM Computing Surveys, 30, 1998: 170-231.

[21] L. Lü, et al.. Recommender Systems. Physics Reports, 519, 2012: 1-49.

[22] R. Tibshirani, T. Hastie, B. Narasimhan, G. Chu. Diagnosis of multiple cancer types by shrunken centroids of gene expression. Proceedings of the National Academy of Sciences, 99, 2002: 6567-6572.

[23] S. V. Stehman. Selecting and interpreting measures of thematic classification accuracy. Remote Sensing of Environment, 62, 1997: 77-89.

[24] T. Fawcett. An introduction to ROC analysis. Pattern Recognition Letters, 27, 2006: 861-874.

[25] J. Davis, M. Goadrich. The relationship between Precision-Recall and ROC curves. Proceedings of the 23rd international conference on Machine learning. ACM Press, 2006, p. 233-240.

[26] D. M. W. Powers, Evaluation: from Precision, Recall and F-measure to ROC, Informedness, Markedness and Correlation. Journal of Machine Learning Technologies, 2, 2011: 37-63.

[27] C. M. Bishop. Pattern Recognition And Machine Learning. Springer, 2007.

[28] 周志华. 机器学习. 清华大学出版社, 2016.

[29] C. D. Manning, P. Raghavan, H. Schütze. Introduction to Information Retrieval. Cambridge University Press, 2008.

[30] S. J. Russell, P. Norvig. Artificial intelligence: a modern approach. Prentice Hall, 2009.

[31] G. H. John, P. Langley. Estimating continuous distributions in Bayesian classifiers. Proceedings of the 11th Conference on Uncertainty in Artificial Intelligence. Morgan Kaufmann Publisher, 1995, p. 338-345.

[32] F. Galton. Regression towards mediocrity in hereditary stature. The Journal of the Anthropological Institute of Great Britain and Ireland, 15, 1886: 246-263.

[33] J.-H. Liu, J. Wang, J. Shao, T. Zhou. Online social activity reflects economic status. Physica A, 457, 2016: 581-589.

[34] C. F. Gauss. Theoria motus corporum coelestium in sectionibus conicis solem ambientium (Vol. 7), Perthes et Besser, 1809.

[35] A. N. Tikhonov. On the stability of inverse problems. Doklady Akademii Nauk SSSR, 39, 1943: 195-198.

[36] R. Tibshirani. Regression shrinkage and selection via the LASSO. Journal of the Royal Statistical Society B, 58, 1996: 267-288.

[37] R. Pech, et al.. Link prediction via linear optimization. Physica A, 528, 2019: 121319.

[38] D. R. Cox. The regression analysis of binary sequences. Journal of the Royal Statistical Society B, 20, 1958: 215-232.

[39] 袁亚湘. 最优化理论与方法. 科学出版社，1997.

[40] 陈希孺. 近代回归分析：原理方法及应用. 安徽教育出版社，1987.

[41] 张尧庭. 定性资料的统计分析. 广西师范大学出版社，1991.

[42] S. H. Rudy, et al.. Data-driven discovery of partial differential equations. Science Advances, 3, 2017: e1602614.

[43] J. Ginsberg, et al.. Detecting influenza epidemics using search engine query data. Nature, 457, 2009: 1012-1014.

[44] G. Ranco, et al.. The effects of Twitter sentiment on stock price returns. PLoS ONE, 10, 2015: e0138441.

[45] D. Lazer, R. Kennedy, G. King. A. Vespignani, The parable of Google Flu: traps in big data analysis. Science, 343, 2014: 1203-1205.

[46] J. R. Quinlan. C4.5: Programs for Machine Learning. Morgan Kaufmann Publisher, 1993.

[47] L. Breiman, J. Friedman, C. J. Stone, R. A. Olshen. Classification and Regression Trees. Chapman & Hall/CRC Press, 1984.

[48] C. E. Shannon. A Mathematical Theory of Communication. Bell System Technical Journal, 27, 1948: 379-423.

[49] J. R. Quinlan. Induction of decision trees. Machine Learning, 1, 1986: 81-106.

[50] A. O. Hirschman. The paternity of an index. American Economic Review, 54, 1964: 761-762.

[51] E. B. Wilson. Probable inference, the law of succession, and statistical inference. Journal of the American Statistical Association, 22, 1927: 209-212.

[52] 李航. 统计学习方法. 清华大学出版社，2012.

[53] C. E. Brodley, P. E. Utgoff. Multivariate decision trees. Machine Learning, 19, 1995: 45-77.

[54] P. E. Utgoff. Incremental induction of decision trees. Machine Learning, 4, 1989: 161-186.

[55] L. Breiman. Random forests. Machine Learning, 45, 2001: 5-32.

[56] J. H. Friedman. Greedy function approximation: A gradient boosting machine. Annals of Statistics, 29, 2001: 1189-1232.

[57] R. Agrawal, R. Srikant. Fast algorithms for mining association rules. Proceedings of the 1994 International Conference on Very Large Data Bases. VLDB'94, 1994, p. 487-499.

[58] K. Dave, V. Varma. Computational advertising: Techniques for targeting relevant ads. Foundations and Trends in Information Retrieval, 8, 2014: 263-418.

[59] C. C. Aggarwal, P. S. Yu. A new framework for itemset generation. Proceedings of the 1998 ACM Symposium on Principles of Database Systems. PODS'98, 1999, p. 18-24.

[60] T. Zhou, et al.. Solving the apparent diversity-accuracy dilemma of recommender systems. Proceedings of the National Academy of Sciences, 107, 2010: 4511-4515.

[61] J. S. Park, M.-S. Chen, P. S. Yu. An effective hash-based algorithm for mining association rules, 24, 1995: 175-186.

[62] S. Brin, R. Motwani, J. D. Ullman, S. Tsur. Dynamic itemset counting and implication rules for market basket data. ACM SIGMOD Record, 26, 1997: 255-264.

[63] J. Han, J. Pei, Y. Yin. Mining frequent patterns without candidate generation. ACM SIGMOD Record, 29, 2000: 1-12.

[64] A. P. J. Mol, G. Spaargaren. Ecological modernisation theory in debate: a review. Environmental Politics, 9, 2009: 17-49. .

[65] J. W. Meyer. World society, institutional theories, and the actor. Annual Review of Sociology, 36, 2010: 1-20.

[66] J. Rice. Ecological unequal exchange: international trade and uneven utilization of environmental space in the world system. Social Forces, 85, 2007: 1369-1392.

[67] A. Dreher. Does globalization affect growth? Evidence from a new index of globalization. Applied Economics 38, 2006: 1091-1110.

[68] Y. Wang, T. Zhou, H. Chen, Z. Rong. Environmental homogenization or heterogenization? The effects of globalization. Carbon Dioxide Emissions, 1970-2014, Sustainability, 11, 2019: 2752.

[69] G. Salton, C. Buckley. Term-weighing approache sin automatic text retrieval. Information Processing & Management, 25, 1988: 513-523.

反侵权盗版声明

电子工业出版社依法对本作品享有专有出版权。任何未经权利人书面许可，复制、销售或通过信息网络传播本作品的行为；歪曲、篡改、剽窃本作品的行为，均违反《中华人民共和国著作权法》，其行为人应承担相应的民事责任和行政责任，构成犯罪的，将被依法追究刑事责任。

为了维护市场秩序，保护权利人的合法权益，我社将依法查处和打击侵权盗版的单位和个人。欢迎社会各界人士积极举报侵权盗版行为，本社将奖励举报有功人员，并保证举报人的信息不被泄露。

举报电话：（010）88254396；（010）88258888
传　　真：（010）88254397
E-mail：　dbqq@phei.com.cn
通信地址：北京市万寿路173信箱
　　　　　电子工业出版社总编办公室
邮　　编：100036